성취도 그래프

성취도 그래프 활용법
1 회차별 공부가 끝나면 그래프의 맞힌 개수 칸에 붙임딱지(🐹)를 붙입니다.
2 그래프의 변화를 보면서 스스로 성취도를 확인하고 연산 실력과 자신감을 키웁니다.

⭐ 회차별로 모두 맞힌 개수입니다.

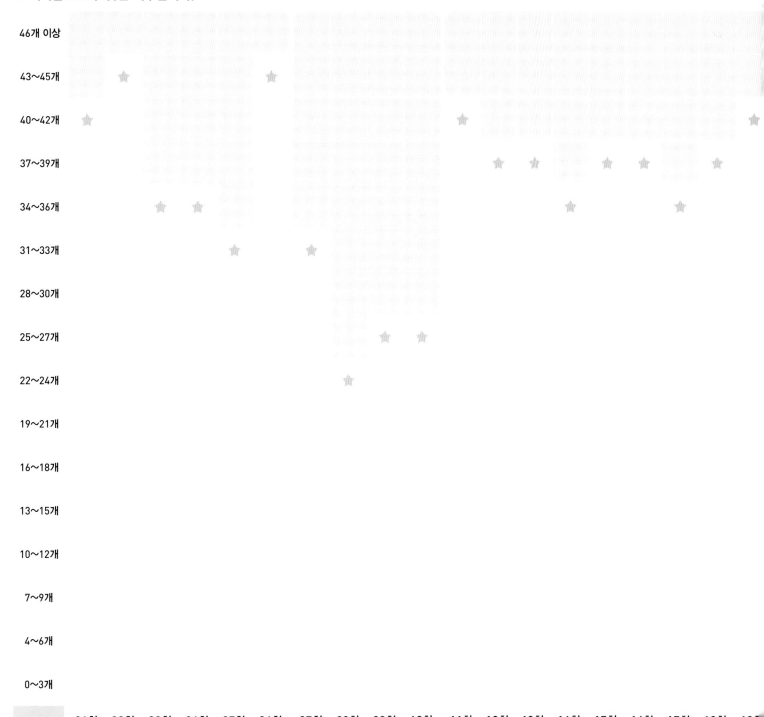

맞힌 개수	01회	02회	03회	04회	05회	06회	07회	08회	09회	10회	11회	12회	13회	14회	15회	16회	17회	18회	19회
		1단원						2단원						3단원					

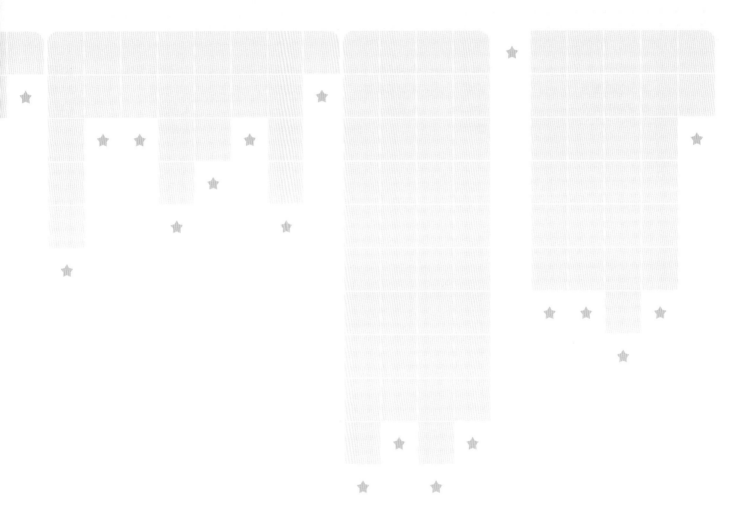

나의 다짐

○ 나는 하루에 4쪽 큐브수학 연산을 공부합니다.

○ 나는 문제를 다 푼 다음, 실수하지 않도록 꼭 검토를 하겠습니다.

○ 나는 다 맞힌 회차를　　　　회 도전합니다.

20회	21회	22회	23회	24회	25회	26회	27회	28회	29회	30회	31회	32회	33회	34회	35회	36회	37회	38회
	4단원								5단원				6단원					

큐브 수학 연산 6-1

특징과 구성

#전 단원
#한 권으로
#빠짐없이

연산 따로 도형 따로 NO,
연산 학습도 수학 교과서의 단원별 개념 순서에 맞게 빠짐없이

수학은 개념 간 유기적으로 연결되어 있기 때문에 교과서 개념 순서에 맞게 학습해야 합니다. 연산이 필요한 부분만 선택적 학습을 하면 개념 이해가 부족하여 연산 실수가 생깁니다. 특히 도형과 측정 영역에서 개념 이해 없이 연산 방법만 공식처럼 암기하면 연산 학습에 구멍이 생깁니다. 따라서 모든 단원의 내용을 교과서 개념 순서에 맞춰 연산 학습해야 합니다.

#하루 4쪽
#4단계
#체계적인

기계적인 단순 반복 학습 NO,
하루 4쪽 체계적인 4단계 연산 유형으로 완벽하게

학생들이 연산 학습을 지루하게 생각하는 이유는 기계적인 단순 반복 훈련을 하기 때문입니다.

하루 4쪽 개념 → 연습 → 활용 → 완성 의 체계적인 4단계 문제로 구성되어 있어 지루하지 않고 효과적으로 연산 실력을 키울 수 있습니다.

#같은 수
#연산 감각
#효율적

같은 수 다른 문제로 연산 학습을 효율적으로

기계적인 단순 반복 학습을 하면 많은 문제를 풀어도 연산 실수가 생깁니다. 같은 수 다른 문제를 통해 수 감각을 익히면 자연스럽게 연산 감각이 향상되어 효율적으로 연산 학습을 할 수 있습니다.

#성취감
#자신감
#재미있게

성취도 그래프로 성취감을 키워 연산 학습을 재미있게

학습을 끝낸 후 성취도 그래프에 붙임딱지를 붙입니다. 다 맞힌 날수가 늘어날수록 성취감과 수학 자신감이 향상되어 연산 학습을 재미있게 할 수 있습니다.

하루 4쪽 4단계 학습

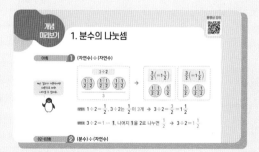

개념 원리와 연산 방법 이해
1 개념

2 연습
같은 수를 이용하여 연산 감각 향상

다양한 연산 유형으로 연산 실력 강화
3 활용

4 완성
재미있는 소재의 문제로 연산 실력 완성

개념 미리보기 + 동영상
한 단원 내용의 전체 흐름을 한눈에 볼 수 있도록 구성

단원 테스트
한 단원의 학습을 마무리하며 연산 실력을 점검

1

분수의 나눗셈

1. 분수의 나눗셈

01회 **1** (자연수)÷(자연수)

계산 결과가 가분수이면 대분수로 바꿔 나타낼 수 있어요.

$$3 \div 2$$

$$\frac{1}{2} \frac{1}{2} \quad \frac{1}{2} \frac{1}{2} \quad \frac{1}{2} \frac{1}{2}$$

3

→

$$\frac{3}{2}\left(=1\frac{1}{2}\right)$$

$$\frac{1}{2} \frac{1}{2} \quad \frac{1}{2}$$

$$\frac{3}{2}\left(=1\frac{1}{2}\right)$$

$$\frac{1}{2} \quad \frac{1}{2} \frac{1}{2}$$

방법1 $1 \div 2 = \frac{1}{2}$, $3 \div 2$는 $\frac{1}{2}$이 3개 → $3 \div 2 = \frac{3}{2} = 1\frac{1}{2}$

방법2 $3 \div 2 = 1 \cdots 1$, 나머지 **1**을 2로 나누면 $\frac{1}{2}$ → $3 \div 2 = 1\frac{1}{2}$

02~03회 **2** (분수)÷(자연수)

◆ 분자가 자연수의 배수인 경우

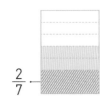
$\frac{2}{7}$

$$\frac{4}{7} \div 2 = \frac{4 \div 2}{7} = \frac{2}{7}$$

분자를 자연수로 나누기

◆ 분자가 자연수의 배수가 아닌 경우

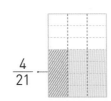
$\frac{4}{21}$

$$\frac{4}{7} \div 3 = \frac{4 \times 3}{7 \times 3} \div 3 = \frac{12}{21} \div 3 = \frac{12 \div 3}{21} = \frac{4}{21}$$

분자를 자연수의 배수인 수로 바꾸기

04~05회 **3** (대분수)÷(자연수)

방법1 분자를 자연수로 나누어 계산하기 → 가분수의 분자가 자연수의 배수인 경우 편리해요.

8은 4의 배수예요.

$$2\frac{2}{3} \div 4 = \frac{8}{3} \div 4 = \frac{8 \div 4}{3} = \frac{2}{3}$$

두 가지 방법 모두 먼저 대분수를 가분수로 바꿔야 해요.

방법2 분수의 곱셈으로 나타내어 계산하기 → 가분수의 분자가 자연수의 배수가 아닌 경우 편리해요.

19는 5의 배수가 아니에요.

$$3\frac{4}{5} \div 5 = \frac{19}{5} \div 5 = \frac{19}{5} \times \frac{1}{5} = \frac{19}{25}$$

01회 개념 (자연수)÷(자연수)

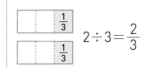

$1 \div 3$	$2 \div 3$
$\dfrac{1}{3}$ $\quad 1 \div 3 = \dfrac{1}{3}$	$\dfrac{1}{3}$ $\dfrac{1}{3}$ $\quad 2 \div 3 = \dfrac{2}{3}$

$1 \div 3 = \dfrac{1}{3}$ 이므로

$2 \div 3$ 은 $\dfrac{1}{3}$ 이 2개인 $\dfrac{2}{3}$ 입니다.

$$\heartsuit \div \bigstar = \dfrac{\heartsuit}{\bigstar}$$

$2 \div 3 = \dfrac{2}{3}$ → 몫이 1보다 작은 경우

$4 \div 3 = \dfrac{4}{3} = 1\dfrac{1}{3}$ → 몫이 1보다 큰 경우

가분수는 대분수로 바꿔요.

◈ 그림을 보고 ☐ 안에 알맞은 수를 써넣으세요.

1

$1 \div 4 = \dfrac{\square}{\square} \;\rightarrow\; 3 \div 4 = \dfrac{\square}{\square}$

2

$1 \div 5 = \dfrac{\square}{\square} \;\rightarrow\; 2 \div 5 = \dfrac{\square}{\square}$

3

$1 \div 7 = \dfrac{\square}{\square} \;\rightarrow\; 4 \div 7 = \dfrac{\square}{\square}$

◈ ☐ 안에 알맞은 수를 써넣으세요.

4 $3 \div 5 = \dfrac{\square}{\square}$

5 $5 \div 8 = \dfrac{\square}{\square}$

6 $6 \div 7 = \dfrac{\square}{\square}$

7 $5 \div 3 = \dfrac{\square}{\square} = \square\dfrac{\square}{\square}$

8 $9 \div 7 = \dfrac{\square}{\square} = \square\dfrac{\square}{\square}$

9 $12 \div 5 = \dfrac{\square}{\square} = \square\dfrac{\square}{\square}$

◆ 나눗셈의 몫을 기약분수로 나타내세요.

10 ① $1 \div 8$ ② $1 \div 14$

11 ① $2 \div 5$ ② $2 \div 9$

12 ① $4 \div 9$ ② $4 \div 13$

13 ① $5 \div 12$ ② $5 \div 16$

실수 방지 몫을 분수로 나타낸 상태에서 약분이 되면 약분을 해야 돼요.

14 ① $6 \div 9$ ② $6 \div 14$

15 ① $7 \div 10$ ② $7 \div 15$

16 ① $9 \div 13$ ② $9 \div 16$

17 ① $12 \div 18$ ② $12 \div 21$

18 ① $14 \div 20$ ② $14 \div 25$

19 ① $17 \div 28$ ② $17 \div 35$

◆ 나눗셈의 몫을 기약분수로 나타내세요.

20 ① $5 \div 3$ ② $8 \div 3$

21 ① $11 \div 4$ ② $17 \div 4$

22 ① $8 \div 5$ ② $17 \div 5$

23 ① $15 \div 7$ ② $20 \div 7$

24 ① $12 \div 8$ ② $21 \div 8$

25 ① $14 \div 9$ ② $31 \div 9$

26 ① $19 \div 11$ ② $36 \div 11$

27 ① $15 \div 12$ ② $25 \div 12$

28 ① $39 \div 18$ ② $59 \div 18$

29 ① $30 \div 22$ ② $51 \div 22$

◆ 빈칸에 알맞은 기약분수를 써넣으세요.

③⓪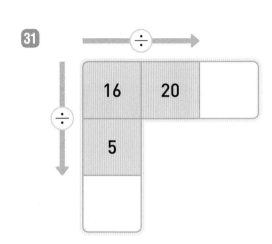

③①

◆ 빈칸에 알맞은 기약분수를 써넣으세요.

③②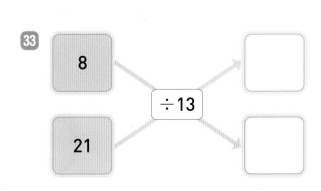

③③

◆ 몫이 더 큰 나눗셈에 ○표 하세요.

③④
3÷7	8÷14
( )	( )

③⑤
4÷10	9÷15
( )	( )

③⑥
5÷3	24÷18
( )	( )

③⑦
9÷4	14÷8
( )	( )

③⑧
14÷6	40÷15
( )	( )

문장제 + 연산

③⑨ 냉장고에 1 L짜리 포도주스가 3병 있습니다. 포도주스를 일주일 동안 똑같이 나누어 마신다면 하루에 몇 L씩 마실 수 있을까요?

전체 포도주스의 양　　일주일의 날수

$$\boxed{} \div \boxed{} = \boxed{}$$

답 하루에 $\boxed{}$ L씩 마실 수 있습니다.

◆ 주스를 모양과 크기가 같은 컵에 똑같이 나누어 담으려고 합니다. 각 컵에 담을 수 있는 주스의 양을 구하세요.

40

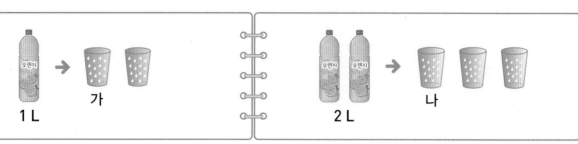

가 컵: $1 \div 2 =$ ☐ (L)

나 컵: $2 \div 3 =$ ☐ (L)

41

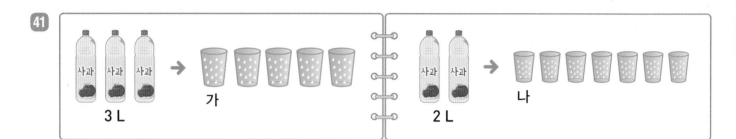

가 컵: $3 \div 5 =$ ☐ (L)

나 컵: $2 \div 7 =$ ☐ (L)

42

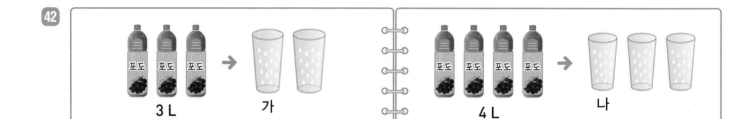

가 컵: $3 \div 2 =$ ☐ (L)

나 컵: $4 \div 3 =$ ☐ (L)

실수한 것이 없는지 검토했나요?

예 ☐ , 아니요 ☐

02회 개념 (분수)÷(자연수)(1) - 분자가 자연수의 배수인 경우

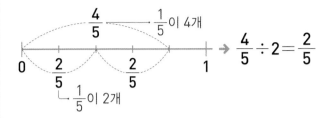

$\dfrac{4}{5}$를 똑같이 둘로 나누면 $\dfrac{2}{5}$입니다.

$\rightarrow \dfrac{4}{5} \div 2 = \dfrac{2}{5}$

▲가 ●의 배수이면 $\dfrac{▲}{■} \div ● = \dfrac{▲÷●}{■}$

$\dfrac{6}{7} \div 2 = \dfrac{6÷2}{7} = \dfrac{3}{7}$

분모는 그대로 써요.

✦ 수직선을 보고 ☐ 안에 알맞은 수를 써넣으세요.

1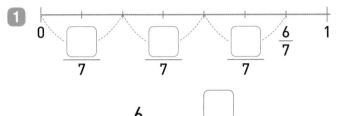

$\dfrac{6}{7} \div 3 = \dfrac{☐}{7}$

2

$\dfrac{8}{9} \div 4 = \dfrac{☐}{9}$

3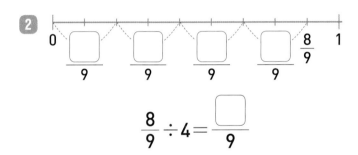

$\dfrac{9}{10} \div 3 = \dfrac{☐}{10}$

4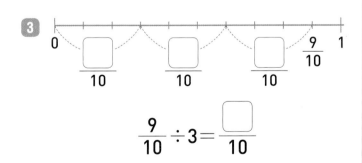

$\dfrac{10}{13} \div 2 = \dfrac{☐}{13}$

✦ ☐ 안에 알맞은 수를 써넣으세요.

5 $\dfrac{2}{3} \div 2 = \dfrac{2÷☐}{3} = \dfrac{☐}{3}$

6 $\dfrac{4}{7} \div 2 = \dfrac{4÷☐}{7} = \dfrac{☐}{7}$

7 $\dfrac{5}{9} \div 5 = \dfrac{☐÷5}{9} = \dfrac{☐}{9}$

8 $\dfrac{12}{11} \div 3 = \dfrac{☐÷☐}{11} = \dfrac{☐}{11}$

9 $\dfrac{15}{13} \div 5 = \dfrac{☐÷☐}{13} = \dfrac{☐}{13}$

10 $\dfrac{21}{16} \div 3 = \dfrac{☐÷☐}{16} = \dfrac{☐}{16}$

11 $\dfrac{32}{19} \div 8 = \dfrac{☐÷☐}{19} = \dfrac{☐}{19}$

✦ 계산을 하여 기약분수로 나타내세요.

12 ① $\dfrac{4}{5} \div 1$ 　　② $\dfrac{4}{5} \div 2$

실수 방지　분자와 자연수가 같을 때도 똑같이 자연수를 분자로 올려서 계산해요.

13 ① $\dfrac{6}{7} \div 3$ 　　② $\dfrac{6}{7} \div 6$

14 ① $\dfrac{10}{11} \div 2$ 　　② $\dfrac{10}{11} \div 5$

15 ① $\dfrac{12}{13} \div 3$ 　　② $\dfrac{12}{13} \div 6$

16 ① $\dfrac{20}{17} \div 2$ 　　② $\dfrac{20}{17} \div 5$

17 ① $\dfrac{24}{19} \div 2$ 　　② $\dfrac{24}{19} \div 6$

18 ① $\dfrac{30}{23} \div 3$ 　　② $\dfrac{30}{23} \div 6$

19 ① $\dfrac{28}{25} \div 2$ 　　② $\dfrac{28}{25} \div 7$

20 ① $\dfrac{45}{32} \div 5$ 　　② $\dfrac{45}{32} \div 15$

✦ 계산을 하여 기약분수로 나타내세요.

21 ① $\dfrac{6}{7} \div 2$ 　　② $\dfrac{10}{7} \div 2$

22 ① $\dfrac{14}{15} \div 2$ 　　② $\dfrac{22}{15} \div 2$

23 ① $\dfrac{3}{10} \div 3$ 　　② $\dfrac{21}{10} \div 3$

24 ① $\dfrac{8}{9} \div 4$ 　　② $\dfrac{16}{9} \div 4$

25 ① $\dfrac{20}{21} \div 4$ 　　② $\dfrac{32}{21} \div 4$

26 ① $\dfrac{10}{13} \div 5$ 　　② $\dfrac{25}{13} \div 5$

27 ① $\dfrac{12}{17} \div 6$ 　　② $\dfrac{30}{17} \div 6$

28 ① $\dfrac{21}{26} \div 7$ 　　② $\dfrac{35}{26} \div 7$

29 ① $\dfrac{16}{19} \div 8$ 　　② $\dfrac{40}{19} \div 8$

◆ ☐ 안에 알맞은 기약분수를 써넣으세요.

30
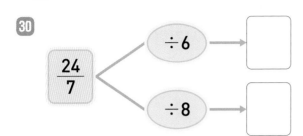

31
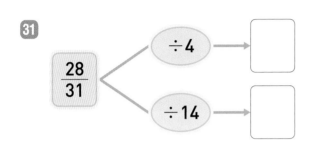

◆ 빈칸에 알맞은 기약분수를 써넣으세요.

32
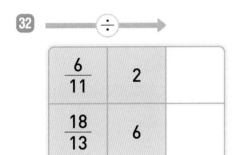

33
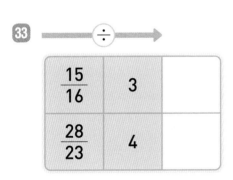

34
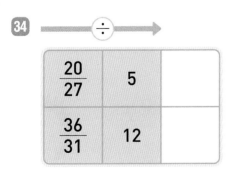

◆ 몫의 크기를 비교하여 ◯ 안에 >, =, <를 알맞게 써넣으세요.

35 $\dfrac{5}{8} \div 5$ ◯ $\dfrac{3}{2} \div 3$

36 $\dfrac{9}{10} \div 3$ ◯ $\dfrac{5}{4} \div 5$

37 $\dfrac{6}{7} \div 2$ ◯ $\dfrac{25}{14} \div 5$

38 $\dfrac{14}{15} \div 2$ ◯ $\dfrac{12}{5} \div 4$

39 $\dfrac{16}{21} \div 2$ ◯ $\dfrac{8}{3} \div 8$

문장제 + 연산

40 성준이는 운동장을 4일 동안 $\dfrac{40}{11}$ km 뛰었습니다. 매일 같은 거리를 뛰었다면 하루에 몇 km씩 뛰었을까요?

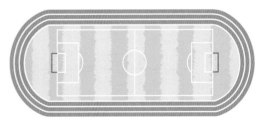

뛴 거리　　　날수

☐ ÷ ☐ = ☐

답 하루에 ☐ km씩 뛰었습니다.

주어진 도형에 적힌 수끼리 나눗셈을 하려고 합니다. (분수)÷(자연수)를 계산한 결과를 구하세요.

41

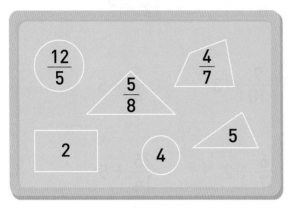

$$\dfrac{\square}{\square} \div \square = \dfrac{\square}{\square}$$

43 사각형

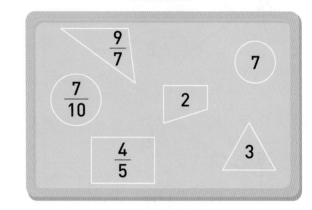

$$\dfrac{\square}{\square} \div \square = \dfrac{\square}{\square}$$

42 원

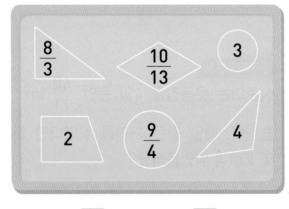

$$\dfrac{\square}{\square} \div \square = \dfrac{\square}{\square}$$

44 삼각형

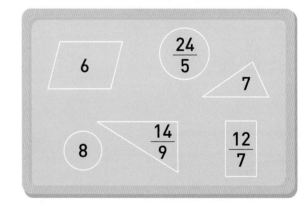

$$\dfrac{\square}{\square} \div \square = \dfrac{\square}{\square}$$

실수한 것이 없는지 검토했나요?

예 ☐ , 아니요 ☐

03회 개념 (분수)÷(자연수)(2) - 분자가 자연수의 배수가 아닌 경우

$\dfrac{3}{4} \div 2$에서 분자를 자연수의 배수인 수로 바꾸어 계산합니다.

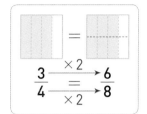

$$\dfrac{3}{4} \xrightarrow[\times 2]{\times 2} \dfrac{6}{8}$$

$\dfrac{1}{8}$이 3개

$$\dfrac{3}{4} \div 2 = \dfrac{6}{8} \div 2$$

$$\dfrac{3}{4} \div 2 = \dfrac{3 \times 2}{4 \times 2} \div 2 = \dfrac{6}{8} \div 2 = \dfrac{6 \div 2}{8} = \dfrac{3}{8}$$

$\dfrac{2}{3} \div 6 \rightarrow \dfrac{2}{3}$를 6등분 한 것 중의 하나

$\rightarrow \dfrac{2}{3}$의 $\dfrac{1}{6}$

$\rightarrow \dfrac{2}{3} \div 6 = \dfrac{2}{3} \times \dfrac{1}{\overset{6}{\underset{3}{\cancel{6}}}} = \dfrac{1}{9}$

✦ 그림을 보고 ☐ 안에 알맞은 수를 써넣으세요.

1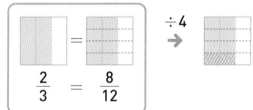

$\dfrac{2}{3} = \dfrac{8}{12}$

$\dfrac{2}{3} \div 4 = \dfrac{\boxed{}}{12} \div 4 = \dfrac{\boxed{}}{12}$

2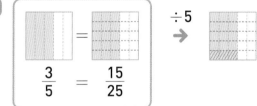

$\dfrac{3}{5} = \dfrac{15}{25}$

$\dfrac{3}{5} \div 5 = \dfrac{\boxed{}}{25} \div 5 = \dfrac{\boxed{}}{25}$

3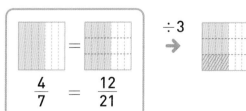

$\dfrac{4}{7} = \dfrac{12}{21}$

$\dfrac{4}{7} \div 3 = \dfrac{\boxed{}}{21} \div 3 = \dfrac{\boxed{}}{21}$

✦ ☐ 안에 알맞은 수를 써넣으세요.

4 $\dfrac{1}{4} \div 5 = \dfrac{1}{4} \times \dfrac{\boxed{}}{\boxed{}} = \dfrac{\boxed{}}{\boxed{}}$

5 $\dfrac{5}{6} \div 3 = \dfrac{5}{6} \times \dfrac{\boxed{}}{\boxed{}} = \dfrac{\boxed{}}{\boxed{}}$

6 $\dfrac{3}{8} \div 7 = \dfrac{3}{8} \times \dfrac{\boxed{}}{\boxed{}} = \dfrac{\boxed{}}{\boxed{}}$

7 $\dfrac{11}{9} \div 6 = \dfrac{11}{9} \times \dfrac{\boxed{}}{\boxed{}} = \dfrac{\boxed{}}{\boxed{}}$

8 $\dfrac{13}{10} \div 4 = \dfrac{13}{10} \times \dfrac{\boxed{}}{\boxed{}} = \dfrac{\boxed{}}{\boxed{}}$

9 $\dfrac{17}{12} \div 3 = \dfrac{17}{12} \times \dfrac{\boxed{}}{\boxed{}} = \dfrac{\boxed{}}{\boxed{}}$

1
단원

정답
02쪽

✦ 계산을 하여 기약분수로 나타내세요.

10 ① $\dfrac{3}{4} \div 2$

　　② $\dfrac{3}{4} \div 8$

실수 방지 　계산 과정에서 약분할 것이 있으면 약분하여 기약분수로 나타내요.

11 ① $\dfrac{4}{7} \div 6$

　　② $\dfrac{4}{7} \div 10$

---

12 ① $\dfrac{9}{10} \div 6$

　　② $\dfrac{9}{10} \div 8$

13 ① $\dfrac{16}{13} \div 5$

　　② $\dfrac{16}{13} \div 12$

14 ① $\dfrac{21}{16} \div 4$

　　② $\dfrac{21}{16} \div 9$

15 ① $\dfrac{27}{20} \div 6$

　　② $\dfrac{27}{20} \div 15$

✦ 계산을 하여 기약분수로 나타내세요.

16 ① $\dfrac{2}{3} \div 3$

　　② $\dfrac{5}{3} \div 3$

17 ① $\dfrac{2}{5} \div 4$

　　② $\dfrac{9}{5} \div 4$

18 ① $\dfrac{5}{8} \div 6$

　　② $\dfrac{27}{8} \div 6$

19 ① $\dfrac{3}{10} \div 7$

　　② $\dfrac{19}{10} \div 7$

20 ① $\dfrac{14}{17} \div 8$

　　② $\dfrac{30}{17} \div 8$

21 ① $\dfrac{7}{8} \div 9$

　　② $\dfrac{23}{8} \div 9$

◆ ☐ 안에 알맞은 기약분수를 써넣으세요.

22 $\dfrac{12}{5}$ → ÷ 7 → ☐

23 $\dfrac{10}{11}$ → ÷ 3 → ☐

24 $\dfrac{20}{13}$ → ÷ 15 → ☐

◆ 빈칸에 알맞은 기약분수를 써넣으세요.

25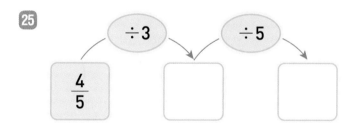
$\dfrac{4}{5}$ ÷ 3 → ☐ ÷ 5 → ☐

26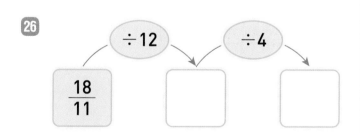
$\dfrac{18}{11}$ ÷ 12 → ☐ ÷ 4 → ☐

27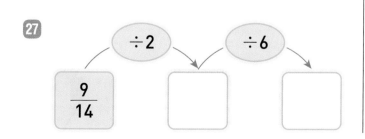
$\dfrac{9}{14}$ ÷ 2 → ☐ ÷ 6 → ☐

◆ 몫이 더 작은 나눗셈에 색칠하세요.

28

$\dfrac{5}{6} \div 4$	$\dfrac{7}{8} \div 3$

29

$\dfrac{5}{7} \div 6$	$\dfrac{4}{3} \div 14$

30

$\dfrac{7}{12} \div 5$	$\dfrac{11}{20} \div 3$

31

$\dfrac{8}{15} \div 3$	$\dfrac{11}{9} \div 10$

문장제 + 연산

32 밀가루 $\dfrac{3}{5}$ kg 으로 모양과 크기가 똑같은 빵 6개를 만들었습니다. 빵 한 개를 만드는 데 사용한 밀가루는 몇 kg일까요?

밀가루 양   빵 수
☐ ÷ ☐ = ☐

답 빵 한 개를 만드는 데 사용한 밀가루는

☐ kg입니다.

1
단원

정답
02쪽

✦ 분수의 나눗셈의 몫만큼 색칠한 것을 찾아 ○표 하세요.

33 $\dfrac{3}{4} \div 2$

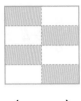   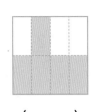

( )　　　　( )　　　　( )　　　　( )

34 $\dfrac{5}{3} \div 2$

( )　　　　( )　　　　( )　　　　( )

35 $\dfrac{5}{4} \div 3$

( )　　　　( )　　　　( )　　　　( )

36 $\dfrac{7}{2} \div 4$

( )　　　　( )　　　　( )　　　　( )

실수한 것이 없는지 검토했나요?

예 ☐ , 아니요 ☐

04회 개념 (대분수)÷(자연수)(1) - 가분수의 분자가 자연수의 배수인 경우

$1\frac{1}{3}\left(=\frac{4}{3}\right)$을 똑같이 둘로 나누면 $\frac{2}{3}$입니다.

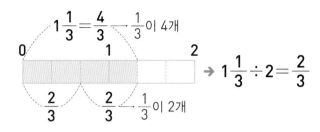

$$1\frac{1}{3}=\frac{4}{3} \rightarrow \frac{1}{3}\text{이 4개}$$

$$\rightarrow 1\frac{1}{3}\div 2=\frac{2}{3}$$

$$\frac{2}{3} \quad \frac{2}{3} \rightarrow \frac{1}{3}\text{이 2개}$$

대분수를 가분수로 바꾸어 계산합니다.

$$1\frac{3}{5}\div 4=\frac{8}{5}\div 4=\frac{8\div 4}{5}=\frac{2}{5}$$

$$1\frac{3}{5}\div 4=\frac{8}{5}\div 4=\frac{8}{5}\times\frac{1}{4}=\frac{2}{5}$$

대분수 → 가분수

❖ 그림을 보고 ☐ 안에 알맞은 수를 써넣으세요.

1

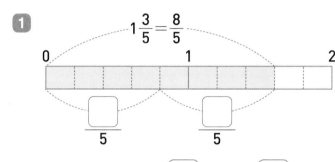

$$1\frac{3}{5}=\frac{8}{5}$$

$$\frac{\square}{5} \qquad \frac{\square}{5}$$

$$1\frac{3}{5}\div 2=\frac{\square}{5}\div 2=\frac{\square}{5}$$

2

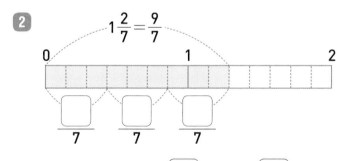

$$1\frac{2}{7}=\frac{9}{7}$$

$$\frac{\square}{7} \quad \frac{\square}{7} \quad \frac{\square}{7}$$

$$1\frac{2}{7}\div 3=\frac{\square}{7}\div 3=\frac{\square}{7}$$

3

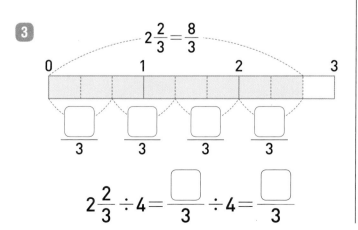

$$2\frac{2}{3}=\frac{8}{3}$$

$$\frac{\square}{3} \quad \frac{\square}{3} \quad \frac{\square}{3} \quad \frac{\square}{3}$$

$$2\frac{2}{3}\div 4=\frac{\square}{3}\div 4=\frac{\square}{3}$$

❖ ☐ 안에 알맞은 수를 써넣으세요.

4 ① $2\frac{1}{4}\div 3=\dfrac{\square}{4}\div 3=\dfrac{\square}{4}$

② $2\frac{1}{4}\div 3=\dfrac{\square}{4}\times\dfrac{1}{\square}=\dfrac{\square}{4}$

5 ① $3\frac{4}{7}\div 5=\dfrac{\square}{7}\div 5=\dfrac{\square}{7}$

② $3\frac{4}{7}\div 5=\dfrac{\square}{7}\times\dfrac{1}{\square}=\dfrac{\square}{7}$

6 ① $5\frac{2}{5}\div 9=\dfrac{\square}{5}\div 9=\dfrac{\square}{5}$

② $5\frac{2}{5}\div 9=\dfrac{\square}{5}\times\dfrac{1}{\square}=\dfrac{\square}{5}$

7 ① $6\frac{3}{4}\div 9=\dfrac{\square}{4}\div 9=\dfrac{\square}{4}$

② $6\frac{3}{4}\div 9=\dfrac{\square}{4}\times\dfrac{1}{\square}=\dfrac{\square}{4}$

1 단원

정답 03쪽

◆ 계산을 하여 기약분수로 나타내세요.

8 ① $1\frac{5}{7} \div 2$

② $1\frac{5}{7} \div 4$

실수 방지 대분수를 가분수로 바꾸지 않고 계산하면 계산이 틀려요.

9 ① $1\frac{7}{9} \div 2$

② $1\frac{7}{9} \div 8$

---

10 ① $2\frac{2}{5} \div 3$

② $2\frac{2}{5} \div 6$

11 ① $4\frac{2}{7} \div 5$

② $4\frac{2}{7} \div 10$

12 ① $5\frac{5}{8} \div 9$

② $5\frac{5}{8} \div 15$

13 ① $7\frac{1}{5} \div 9$

② $7\frac{1}{5} \div 12$

◆ 계산을 하여 기약분수로 나타내세요.

14 ① $2\frac{2}{5} \div 2$

② $4\frac{4}{7} \div 2$

15 ① $6\frac{2}{9} \div 4$

② $8\frac{4}{5} \div 4$

16 ① $5\frac{5}{8} \div 5$

② $7\frac{1}{2} \div 5$

17 ① $8\frac{2}{5} \div 7$

② $15\frac{3}{4} \div 7$

18 ① $10\frac{2}{3} \div 8$

② $12\frac{4}{5} \div 8$

19 ① $12\frac{4}{7} \div 11$

② $16\frac{1}{2} \div 11$

✦ 빈칸에 알맞은 기약분수를 써넣으세요.

20

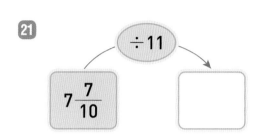

$\div 6$

$2\frac{4}{13}$

21

$\div 11$

$7\frac{7}{10}$

✦ 빈칸에 알맞은 기약분수를 써넣으세요.

22

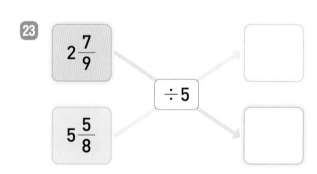

$1\frac{2}{7}$

$6\frac{3}{4}$

$\div 3$

23

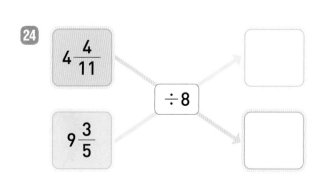

$2\frac{7}{9}$

$5\frac{5}{8}$

$\div 5$

24

$4\frac{4}{11}$

$9\frac{3}{5}$

$\div 8$

✦ 몫의 크기를 비교하여 ◯ 안에 ＞, ＝, ＜를 알맞게 써넣으세요.

25 $1\frac{1}{3} \div 2$ ◯ $2\frac{2}{3} \div 4$

26 $3\frac{3}{8} \div 9$ ◯ $2\frac{5}{8} \div 3$

27 $6\frac{6}{7} \div 12$ ◯ $4\frac{2}{7} \div 10$

28 $7\frac{1}{5} \div 3$ ◯ $11\frac{1}{5} \div 4$

29 $9\frac{4}{9} \div 5$ ◯ $10\frac{8}{9} \div 7$

1
단원

정답
03쪽

문장제 + 연산

30 벽면 $\boxed{10\frac{2}{5}}$ m² 를 페인트 $\boxed{4통}$ 으로 칠하려고 합니다. 페인트 한 통으로 칠해야 할 벽면의 넓이는 몇 m²일까요?

벽면의 넓이
↓

페인트 통 수
↓

$\boxed{} \div \boxed{} = \boxed{}$

답 페인트 한 통으로 칠해야 할 벽면의 넓이는

$\boxed{}$ m²입니다.

✦ 정다각형 모양의 표지판이 있습니다. 표지판의 둘레를 보고 표지판의 한 변의 길이는 몇 m인지 구하세요.

31 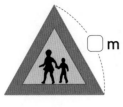 ☐ m

둘레: $4\dfrac{1}{5}$ m

(   )

34 ☐ m

둘레: $6\dfrac{6}{7}$ m

(   )

32 ☐ m

둘레: $5\dfrac{1}{3}$ m

(   )

35 ☐ m

둘레: $4\dfrac{4}{9}$ m

(   )

33 ☐ m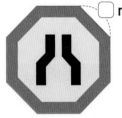

둘레: $6\dfrac{2}{5}$ m

(   )

36 ☐ m

둘레: $5\dfrac{5}{7}$ m

(   )

실수한 것이 없는지 검토했나요?

예 ☐, 아니요 ☐

05회 개념 (대분수)÷(자연수)(2) - 가분수의 분자가 자연수의 배수가 아닌 경우

$1\dfrac{1}{4} \div 3$은 $1\dfrac{1}{4}$의 $\dfrac{1}{3}$입니다.

  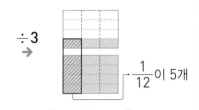

$\dfrac{1}{12}$이 5개

$$1\dfrac{1}{4} \div 3 = \dfrac{5}{4} \div 3 = \dfrac{5}{4} \times \dfrac{1}{3} = \dfrac{5}{12}$$

대분수를 가분수로 바꾸어 계산합니다.

분자가 2의 배수인 분수로 바꿔요.

$$1\dfrac{1}{2} \div 2 = \boxed{\dfrac{3}{2}} \div 2 = \dfrac{6}{4} \div 2 = \boxed{\dfrac{6\div 2}{4}} = \dfrac{3}{4}$$

$$1\dfrac{1}{2} \div 2 = \boxed{\dfrac{3}{2}} \div 2 = \boxed{\dfrac{3}{2} \times \dfrac{1}{2}} = \dfrac{3}{4}$$

대분수 → 가분수

❖ 그림을 보고 ☐ 안에 알맞은 수를 써넣으세요.

1   ÷2 →

$1\dfrac{2}{3} \div 2$는 $1\dfrac{2}{3}$의 $\dfrac{1}{\boxed{}}$입니다.

$$\rightarrow 1\dfrac{2}{3} \div 2 = \dfrac{\boxed{}}{3} \div 2$$

$$= \dfrac{\boxed{}}{3} \times \dfrac{1}{\boxed{}} = \dfrac{\boxed{}}{6}$$

2  ÷4 →

$1\dfrac{3}{4} \div 4$는 $1\dfrac{3}{4}$의 $\dfrac{1}{\boxed{}}$입니다.

$$\rightarrow 1\dfrac{3}{4} \div 4 = \dfrac{\boxed{}}{4} \div 4$$

$$= \dfrac{\boxed{}}{4} \times \dfrac{1}{\boxed{}} = \dfrac{\boxed{}}{\boxed{}}$$

❖ ☐ 안에 알맞은 수를 써넣으세요.

3 ① $1\dfrac{3}{7} \div 3 = \dfrac{\boxed{}}{7} \div 3$

$$= \dfrac{\boxed{}}{21} \div 3 = \dfrac{\boxed{}}{21}$$

② $1\dfrac{3}{7} \div 3 = \dfrac{\boxed{}}{7} \times \dfrac{1}{\boxed{}} = \dfrac{\boxed{}}{\boxed{}}$

4 ① $3\dfrac{1}{4} \div 4 = \dfrac{\boxed{}}{4} \div 4$

$$= \dfrac{\boxed{}}{16} \div 4 = \dfrac{\boxed{}}{16}$$

② $3\dfrac{1}{4} \div 4 = \dfrac{\boxed{}}{4} \times \dfrac{1}{\boxed{}} = \dfrac{\boxed{}}{\boxed{}}$

5 ① $6\dfrac{1}{2} \div 7 = \dfrac{\boxed{}}{2} \div 7$

$$= \dfrac{\boxed{}}{14} \div 7 = \dfrac{\boxed{}}{14}$$

② $6\dfrac{1}{2} \div 7 = \dfrac{\boxed{}}{2} \times \dfrac{1}{\boxed{}} = \dfrac{\boxed{}}{\boxed{}}$

1 단원

정답 03쪽

✦ 계산을 하여 기약분수로 나타내세요.

6 ① $1\dfrac{3}{4} \div 3$

　② $1\dfrac{3}{4} \div 5$

7 ① $2\dfrac{1}{3} \div 4$

　② $2\dfrac{1}{3} \div 8$

8 ① $3\dfrac{5}{6} \div 5$

　② $3\dfrac{5}{6} \div 8$

실수 방지 가분수의 분자가 자연수의 배수가 아니어도 약분이 될 때가 있어요.

9 ① $5\dfrac{2}{5} \div 6$

　② $5\dfrac{2}{5} \div 12$

10 ① $6\dfrac{4}{7} \div 8$

　② $6\dfrac{4}{7} \div 10$

11 ① $7\dfrac{1}{2} \div 12$

　② $7\dfrac{1}{2} \div 16$

✦ 계산을 하여 기약분수로 나타내세요.

12 ① $2\dfrac{1}{5} \div 2$

　② $5\dfrac{4}{7} \div 2$

13 ① $4\dfrac{3}{7} \div 3$

　② $7\dfrac{1}{4} \div 3$

14 ① $5\dfrac{5}{6} \div 4$

　② $9\dfrac{5}{9} \div 4$

15 ① $6\dfrac{3}{7} \div 6$

　② $15\dfrac{3}{4} \div 6$

16 ① $8\dfrac{4}{5} \div 7$

　② $11\dfrac{1}{2} \div 7$

17 ① $10\dfrac{3}{4} \div 9$

　② $12\dfrac{3}{7} \div 9$

◆ ☐ 안에 알맞은 기약분수를 써넣으세요.

18
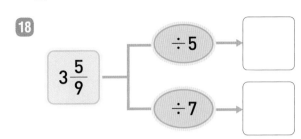

19
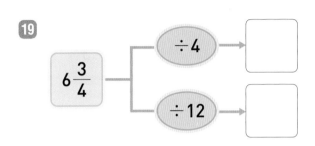

◆ 빈칸에 알맞은 기약분수를 써넣으세요.

20
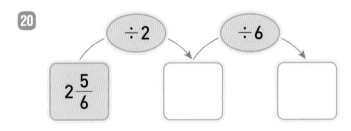

21
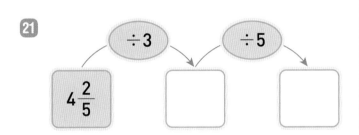

22
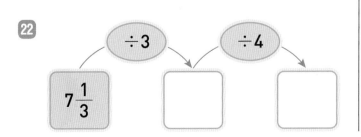

◆ 몫이 더 큰 나눗셈에 색칠하세요.

23
| $1\frac{4}{5} \div 4$ | $4\frac{1}{2} \div 5$ |

24
| $2\frac{3}{8} \div 3$ | $1\frac{5}{12} \div 2$ |

25
| $3\frac{3}{4} \div 4$ | $4\frac{1}{8} \div 6$ |

26
| $6\frac{1}{4} \div 10$ | $3\frac{1}{2} \div 4$ |

1
단원

정답
04쪽

문장제 + 연산
27 일정한 빠르기로 11분 동안 $12\frac{1}{3}$ km를 달린 자동차가 있습니다. 이 자동차가 1분 동안 달린 거리는 몇 km일까요?

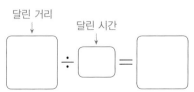
달린 거리   달린 시간

☐ ÷ ☐ = ☐

답 자동차가 1분 동안 달린 거리는

☐ km입니다.

◆ 분수의 나눗셈의 몫이 주어진 범위를 만족하는 카드를 모두 찾아 ○표 하세요.

28

2보다 큽니다.

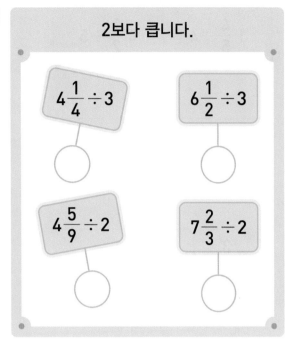

29

4보다 큽니다.

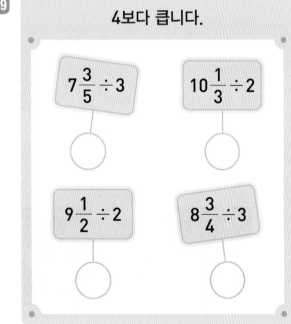

30

3보다 작습니다.

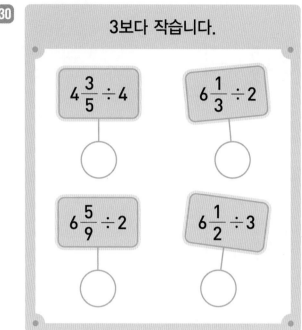

31

2보다 작습니다.

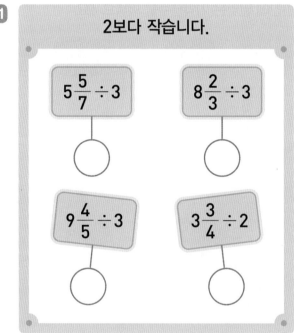

 **06회** 〔테스트〕 **1. 분수의 나눗셈**

◈ 나눗셈의 몫을 기약분수로 나타내세요.

1 ① $1 \div 7$ ② $1 \div 12$

2 ① $4 \div 10$ ② $4 \div 18$

3 ① $7 \div 11$ ② $7 \div 16$

4 ① $15 \div 16$ ② $15 \div 21$

5 ① $24 \div 28$ ② $24 \div 35$

6 ① $7 \div 5$ ② $11 \div 5$

7 ① $10 \div 9$ ② $13 \div 9$

8 ① $12 \div 10$ ② $21 \div 10$

9 ① $26 \div 14$ ② $35 \div 14$

10 ① $33 \div 27$ ② $40 \div 27$

◈ 계산을 하여 기약분수로 나타내세요.

11 ① $\dfrac{8}{11} \div 2$

② $\dfrac{8}{11} \div 4$

12 ① $\dfrac{20}{17} \div 4$

② $\dfrac{20}{17} \div 10$

13 ① $\dfrac{9}{20} \div 3$

② $\dfrac{33}{20} \div 3$

14 ① $\dfrac{7}{8} \div 2$

② $\dfrac{7}{8} \div 5$

15 ① $\dfrac{16}{15} \div 6$

② $\dfrac{16}{15} \div 10$

16 ① $\dfrac{14}{23} \div 8$

② $\dfrac{30}{23} \div 8$

1
단원

정답
04쪽

◈ 계산을 하여 기약분수로 나타내세요.

17 ① $1\dfrac{7}{9} \div 4$

② $1\dfrac{7}{9} \div 8$

18 ① $3\dfrac{9}{11} \div 6$

② $3\dfrac{9}{11} \div 7$

19 ① $4\dfrac{2}{7} \div 6$

② $4\dfrac{2}{7} \div 10$

20 ① $2\dfrac{4}{13} \div 2$

② $5\dfrac{1}{7} \div 2$

21 ① $4\dfrac{4}{7} \div 4$

② $10\dfrac{2}{5} \div 4$

22 ① $7\dfrac{7}{8} \div 7$

② $10\dfrac{1}{9} \div 7$

◈ 계산을 하여 기약분수로 나타내세요.

23 ① $2\dfrac{3}{7} \div 3$

② $2\dfrac{3}{7} \div 5$

24 ① $4\dfrac{3}{5} \div 7$

② $4\dfrac{3}{5} \div 9$

25 ① $5\dfrac{1}{2} \div 6$

② $5\dfrac{1}{2} \div 10$

26 ① $3\dfrac{5}{6} \div 3$

② $5\dfrac{3}{4} \div 3$

27 ① $6\dfrac{3}{7} \div 6$

② $13\dfrac{4}{5} \div 6$

28 ① $8\dfrac{4}{9} \div 8$

② $15\dfrac{1}{3} \div 8$

◈ 빈칸에 알맞은 기약분수를 써넣으세요.

29

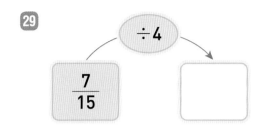

30

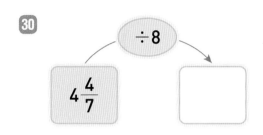

◈ 빈칸에 알맞은 기약분수를 써넣으세요.

31

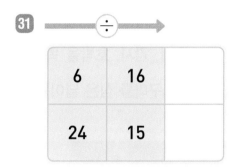

6	16	
24	15	

32

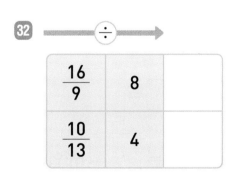

$\frac{16}{9}$	8	
$\frac{10}{13}$	4	

33

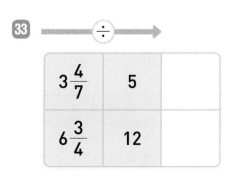

$3\frac{4}{7}$	5	
$6\frac{3}{4}$	12	

◈ 빈칸에 알맞은 기약분수를 써넣으세요.

34

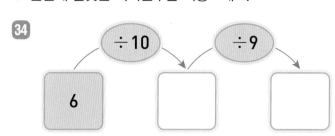

35

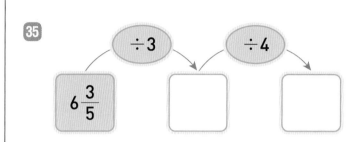

36

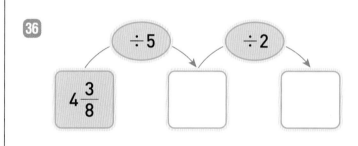

◈ 몫의 크기를 비교하여 ○ 안에 >, =, <를 알맞게 써넣으세요.

37 $21 \div 9$ ○ $8 \div 3$

38 $\frac{6}{7} \div 12$ ○ $\frac{3}{10} \div 6$

39 $2\frac{4}{5} \div 6$ ○ $1\frac{1}{3} \div 5$

40 $5\frac{1}{4} \div 2$ ○ $8\frac{5}{8} \div 3$

1 단원

정답 04쪽

◆ 문제를 읽고 답을 구하세요.

41 식혜 2 L를 9명이 똑같이 나누어 마셨습니다. 한 명이 마신 식혜는 몇 L일까요?

$$\boxed{} \div \boxed{} = \boxed{}$$

답 한 명이 마신 식혜는 $\boxed{}$ L입니다.

42 모양과 크기가 똑같은 토마토 4개의 무게가 $\frac{6}{7}$ kg일 때 토마토 한 개의 무게는 몇 kg일까요?

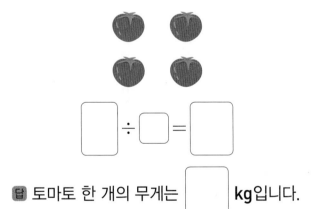

$$\boxed{} \div \boxed{} = \boxed{}$$

답 토마토 한 개의 무게는 $\boxed{}$ kg입니다.

◆ 문제를 읽고 답을 구하세요.

43 수아네 마당에 있는 소나무의 높이는 $4\frac{1}{2}$ m 이고, 벚나무의 높이는 3 m입니다. 높이가 소나무는 벚나무의 몇 배일까요?

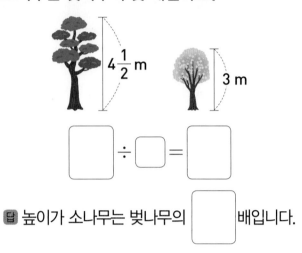

$$\boxed{} \div \boxed{} = \boxed{}$$

답 높이가 소나무는 벚나무의 $\boxed{}$ 배입니다.

44 밭 $20\frac{3}{4}$ m²에 고구마, 감자, 호박을 똑같은 넓이로 심었습니다. 고구마를 심은 넓이는 몇 m²일까요?

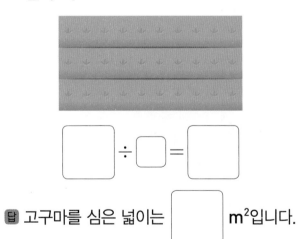

$$\boxed{} \div \boxed{} = \boxed{}$$

답 고구마를 심은 넓이는 $\boxed{}$ m²입니다.

• 1단원 테스트 후 맞힌 개수에 따라 아래와 같이 공부하세요.

맞힌 개수	0~30개	31~39개	40~44개
공부 방법	분수의 나눗셈에 대한 이해가 부족해요. 01~05회를 다시 공부해요.	분수의 나눗셈에 대해 이해는 하고 있으나 좀 더 연습이 필요해요.	계산 실수하지 않도록 집중하여 틀린 문제를 확인해요.

2

각기둥과 각뿔

개념
미리보기

2. 각기둥과 각뿔

07회 **1** **각기둥**

◆ **각기둥**: 서로 평행하고 합동인 두 다각형이 있는 입체도형

◆ 각기둥은 밑면의 모양에 따라 삼각기둥, 사각기둥, 오각기둥, ...이라고 합니다.

각기둥을 그릴 때 보이는 모서리는 실선으로, 보이지 않는 모서리는 점선으로 그려요.

08회 **2** **각기둥의 전개도**

◆ 각기둥의 **전개도**: 각기둥의 모서리를 잘라서 평면 위에 펼쳐 놓은 그림

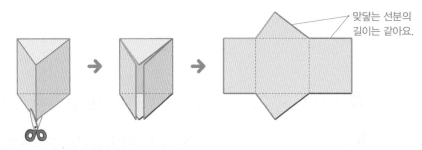

맞닿는 선분의 길이는 같아요.

각기둥의 전개도를 그릴 때 잘린 모서리는 실선으로, 잘리지 않은 모서리는 점선으로 그려요.

09회 **3** **각뿔**

◆ **각뿔**: 밑에 놓인 면이 다각형이고 옆으로 둘러싼 면이 모두 삼각형인 입체도형

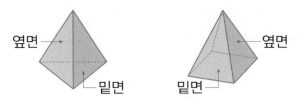

◆ 각뿔은 밑면의 모양에 따라 삼각뿔, 사각뿔, 오각뿔, ...이라고 합니다.

07회 개념 각기둥

서로 평행하고 합동인 두 다각형이 있는 입체도형을 각기둥이라고 합니다.

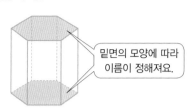

밑면의 모양에 따라 이름이 정해져요.

밑면의 모양은 **육각형** ➡ **육각기둥**

면과 면이 만나는 선분을 모서리, 모서리와 모서리가 만나는 점을 꼭짓점, 두 밑면 사이의 거리를 높이라고 합니다.

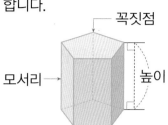

◈ 각기둥의 이름을 ☐ 안에 써넣으세요.

1 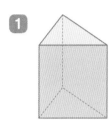 ☐

2 ☐

3 ☐

4 ☐

◈ 각기둥의 구성 요소를 ☐ 안에 써넣으세요.

5 ☐ ☐

6 ☐ 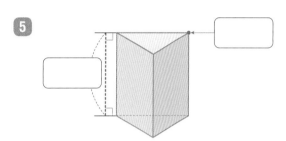 ☐

7 ☐ 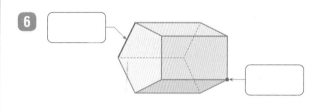 ☐

8 ☐ 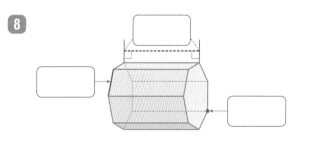 ☐

◈ 각기둥에서 밑면을 모두 찾아 색칠하고, 옆면은 모두 몇 개인지 구하세요.

9
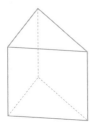
→ **옆면의 수:** ☐ 개

10

→ **옆면의 수:** ☐ 개

11
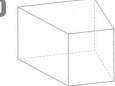
→ **옆면의 수:** ☐ 개

12
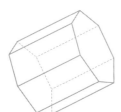
→ **옆면의 수:** ☐ 개

13
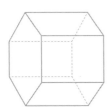
→ **옆면의 수:** ☐ 개

◈ 각기둥을 보고 빈칸에 알맞은 수를 써넣으세요.

14

한 밑면의 변의 수(개)	
꼭짓점의 수(개)	
면의 수(개)	
모서리의 수(개)	

15
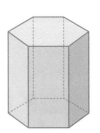

한 밑면의 변의 수(개)	
꼭짓점의 수(개)	
면의 수(개)	
모서리의 수(개)	

16

한 밑면의 변의 수(개)	
꼭짓점의 수(개)	
면의 수(개)	
모서리의 수(개)	

밑면과 옆면의 모양과 수가 다음과 같은 입체도형의 이름을 쓰세요.

17

	밑면	옆면
면의 모양	△	▢
면의 수(개)	2	3

(　　　　　　　)

18

	밑면	옆면
면의 모양	⬠	▯
면의 수(개)	2	5

(　　　　　　　)

19

	밑면	옆면
면의 모양	⬡	▯
면의 수(개)	2	6

(　　　　　　　)

20

	밑면	옆면
면의 모양	⯃	▯
면의 수(개)	2	8

(　　　　　　　)

각기둥의 구성 요소의 수를 비교하여 ◯ 안에 >, =, <를 알맞게 써넣으세요.

21　칠각기둥의 면의 수　◯　사각기둥의 꼭짓점의 수

22　삼각기둥의 모서리의 수　◯　오각기둥의 꼭짓점의 수

23　구각기둥의 면의 수　◯　사각기둥의 모서리의 수

24　육각기둥의 모서리의 수　◯　팔각기둥의 꼭짓점의 수

문장제 + 연산

25　밑면의 모양이 육각형인 각기둥 모양의 과자 상자가 있습니다. 이 과자 상자의 꼭짓점은 몇 개일까요?

각기둥에서 꼭짓점의 수는 한 밑면의 변의 수의 ▢ 배입니다.

한 밑면의 변의 수

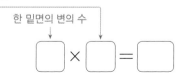

▢ × ▢ = ▢

답 과자 상자의 꼭짓점은 ▢ 개입니다.

2 단원

정답 05쪽

◆ 별자리 모양 중 일부분을 빨간색 선으로 이었습니다. 밑면의 모양이 빨간색 선으로 이은 모양과 같은 각기둥이 있을 때, 이 각기둥의 이름을 ⬭ 안에 써넣으세요.

26 작은곰자리

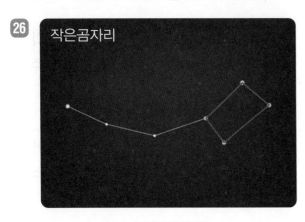

27 사자자리

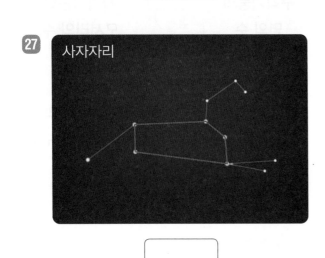

28 천칭자리

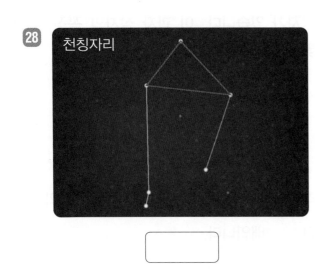

29 케페우스자리

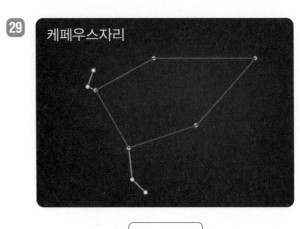

30 게자리

31 뱀주인자리

실수한 것이 없는지 검토했나요?

예 ⬚ , 아니요 ⬚

08회 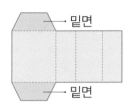 개념 각기둥의 전개도

각기둥의 모서리를 잘라서 평면 위에 펼쳐 놓은 그림을 각기둥의 전개도라고 합니다.

밑면의 모양은 사각형
→ 사각기둥

전개도를 접었을 때 맞닿는 선분의 길이는 같습니다.

같은 색 선분끼리 길이가 같아요.

◆ 전개도를 접었을 때 만들어지는 입체도형의 이름을 ☐ 안에 써넣으세요.

1
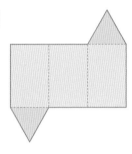

2
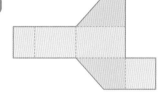

3
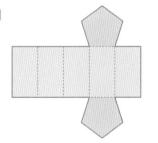

4
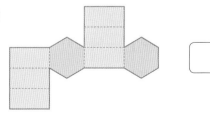

◆ 전개도를 접었을 때 초록색 선분과 맞닿는 선분을 찾아 ○표 하세요.

5
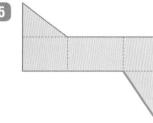

6
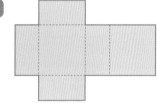

7
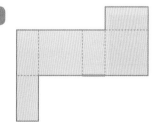

8
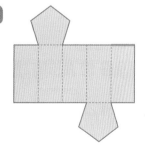

◆ 각기둥의 전개도를 바르게 그린 것에 ○표 하세요.

9

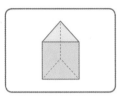

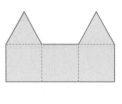

( )　　　　　　( )

10

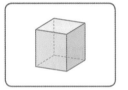

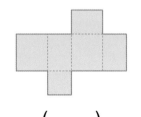　　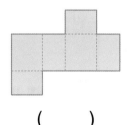

( )　　　　　　( )

11

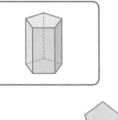

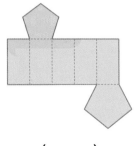　　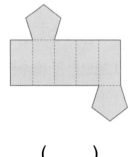

( )　　　　　　( )

◆ 전개도를 접었을 때 만들어지는 입체도형의 이름을 쓰세요.

12

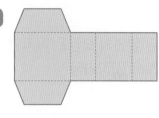

(　　　　　)

13

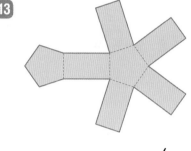

(　　　　　)

14

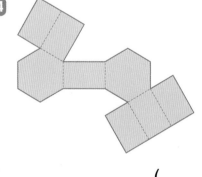

(　　　　　)

15

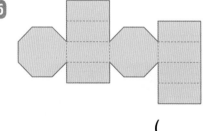

(　　　　　)

각기둥의 전개도입니다. ☐ 안에 알맞은 수를 써넣으세요.

16

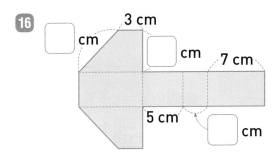

17

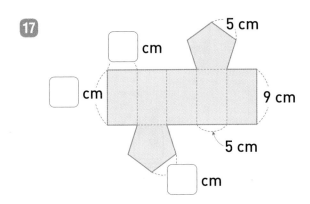

전개도를 접어서 각기둥을 만들었습니다. ☐ 안에 알맞은 수를 써넣으세요.

18

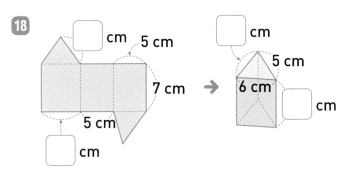

19

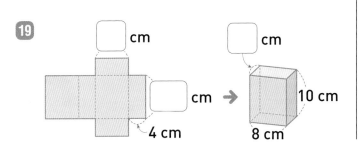

각기둥의 전개도에서 빨간색 선으로 표시한 부분의 길이의 합은 몇 cm인지 구하세요.

20

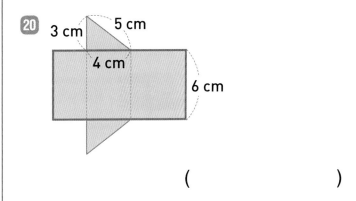

(   )

21

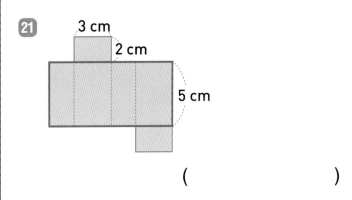

(   )

22 수현이는 전개도를 접어서 각기둥 모양의 선물 상자를 만들려고 합니다. 이 선물 상자의 모서리는 몇 개일까요?

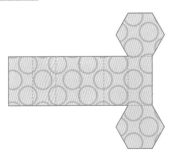

각기둥에서 모서리의 수는 한 밑면의 변의 수의 ☐ 배입니다.

한 밑면의 변의 수

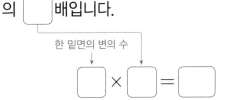

☐ × ☐ = ☐

답 선물 상자의 모서리는 ☐ 개입니다.

2 단원

정답 06쪽

사다리를 타고 내려가면 학생들이 그린 각기둥의 전개도가 있습니다. 각기둥의 전개도를 바르게 그린 학생을 찾아 이름을 쓰세요.

23

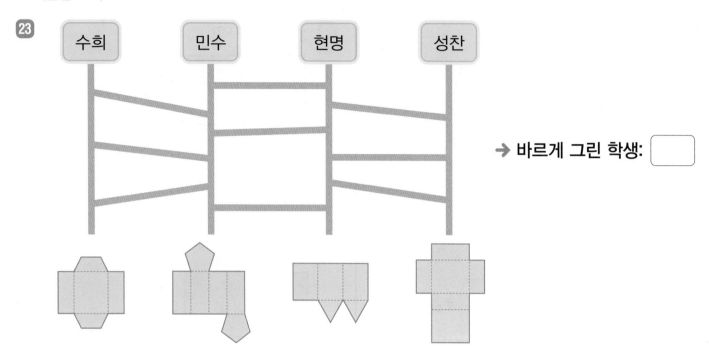

→ 바르게 그린 학생:

24

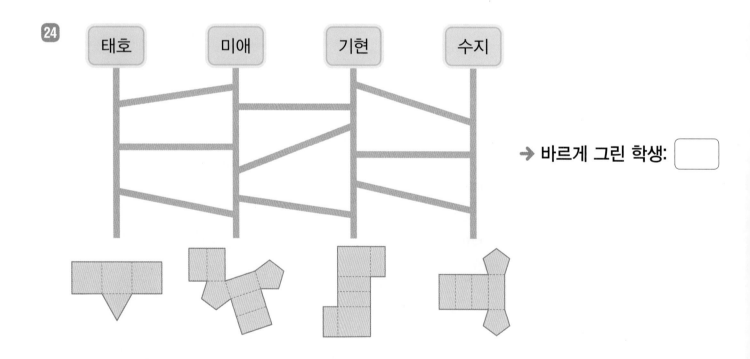

→ 바르게 그린 학생:

실수한 것이 없는지 검토했나요?

예 ☐ , 아니요 ☐

09회  개념 각뿔

밑에 놓인 면이 다각형이고 옆으로 둘러싼 면이 모두 삼각형인 입체도형을 각뿔이라고 합니다.

밑면의 모양은 **사각형**
→ **사각뿔**

밑면의 모양에 따라 이름이 정해져요.

꼭짓점 중에서 옆면이 모두 만나는 점을 각뿔의 꼭짓점, 각뿔의 꼭짓점에서 밑면에 수직인 선분의 길이를 높이라고 합니다.

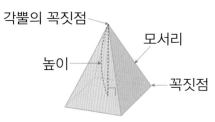

각뿔의 꼭짓점
모서리
높이
꼭짓점

✜ 각뿔의 이름을 ☐ 안에 써넣으세요.

1 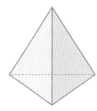 ☐

2 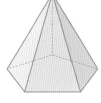 ☐

3 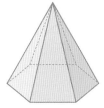 ☐

4  ☐

✜ 각뿔의 구성 요소를 ☐ 안에 써넣으세요.

5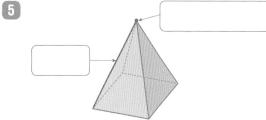

6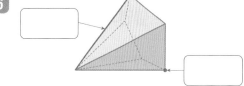

7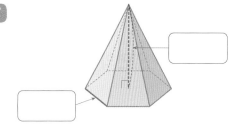

8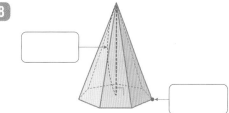

2 단원

정답 06쪽

각뿔에서 밑면을 찾아 색칠하고, 옆면은 모두 몇 개인지 구하세요.

9

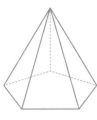

→ 옆면의 수: ☐ 개

10

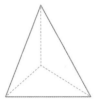

→ 옆면의 수: ☐ 개

11

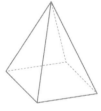

→ 옆면의 수: ☐ 개

12

→ 옆면의 수: ☐ 개

13

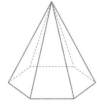

→ 옆면의 수: ☐ 개

각뿔을 보고 빈칸에 알맞은 수를 써넣으세요.

14

밑면의 변의 수(개)	
꼭짓점의 수(개)	
면의 수(개)	
모서리의 수(개)	

15

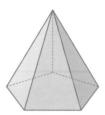

밑면의 변의 수(개)	
꼭짓점의 수(개)	
면의 수(개)	
모서리의 수(개)	

16

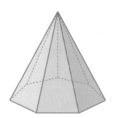

밑면의 변의 수(개)	
꼭짓점의 수(개)	
면의 수(개)	
모서리의 수(개)	

◆ 밑면과 옆면의 모양과 수가 다음과 같은 입체도형의 이름을 쓰세요.

17

	밑면	옆면
면의 모양	■	▲
면의 수(개)	1	4

( )

18

	밑면	옆면
면의 모양	⬠	▲
면의 수(개)	1	5

( )

19

	밑면	옆면
면의 모양	⬡	▲
면의 수(개)	1	6

( )

20

	밑면	옆면
면의 모양	⯃	▲
면의 수(개)	1	8

( )

◆ 각뿔의 구성 요소의 수가 더 적은 것에 색칠하세요.

21
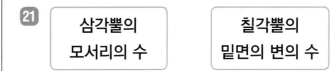
삼각뿔의 모서리의 수 | 칠각뿔의 밑면의 변의 수

22

사각뿔의 면의 수 | 육각뿔의 밑면의 변의 수

23

육각뿔의 모서리의 수 | 구각뿔의 꼭짓점의 수

24

팔각뿔의 꼭짓점의 수 | 육각뿔의 면의 수

문장제 + 연산

25 기현이는 피라미드를 보고 각 모서리에 수수깡을 1개씩 사용하여 사각뿔을 만들려고 합니다. 이 사각뿔을 만드는 데 필요한 수수깡은 몇 개일까요?

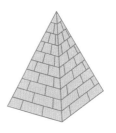

각뿔에서 모서리의 수는 밑면의 변의 수의 □ 배입니다.

밑면의 변의 수

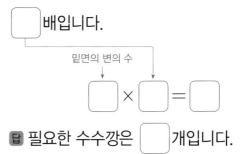

□ × □ = □

답 필요한 수수깡은 □ 개입니다.

◆ 왼쪽 설명을 읽고 여러 가지 각뿔을 각 칸에 알맞게 놓으려고 합니다. 놓을 곳을 찾아 선으로 이으세요.

26

□ 육각뿔은 **1**층에 있습니다.

□ 삼각뿔은 **4**층에 있습니다.

□ 칠각뿔은 사각뿔보다 아래층에 있습니다.

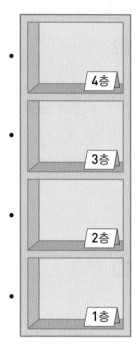

27

□ 사각뿔은 **1**층에 있습니다.

□ 육각뿔은 사각뿔보다 위층에 있고, 오각뿔보다 아래층에 있습니다.

□ 팔각뿔은 오각뿔보다 위층에 있습니다.

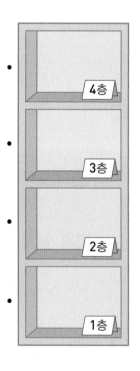

실수한 것이 없는지 검토했나요?

예 ☐ , 아니요 ☐

10회 테스트 2. 각기둥과 각뿔

각기둥을 보고 빈칸에 알맞은 수를 써넣으세요.

1

한 밑면의 변의 수(개)	
꼭짓점의 수(개)	
면의 수(개)	
모서리의 수(개)	

2

한 밑면의 변의 수(개)	
꼭짓점의 수(개)	
면의 수(개)	
모서리의 수(개)	

3

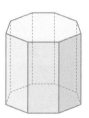

한 밑면의 변의 수(개)	
꼭짓점의 수(개)	
면의 수(개)	
모서리의 수(개)	

각기둥의 전개도를 바르게 그린 것에 ○표 하세요.

4

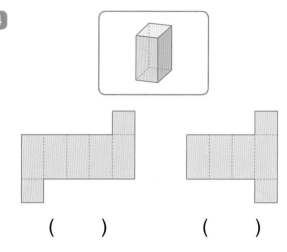

( )   ( )

5

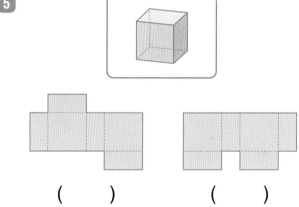

( )   ( )

6

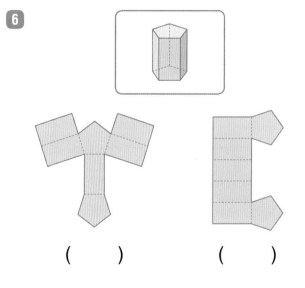

( )   ( )

◆ 전개도를 접었을 때 만들어지는 입체도형의 이름을 쓰세요.

7

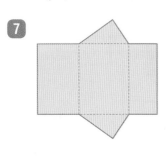

(   )

8

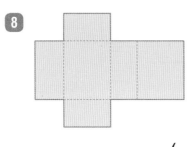

(   )

9

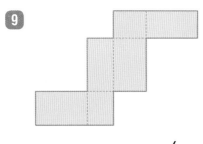

(   )

10

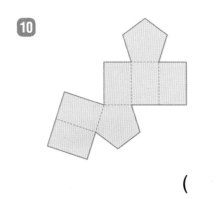

(   )

◆ 각뿔을 보고 빈칸에 알맞은 수를 써넣으세요.

11

밑면의 변의 수(개)	
꼭짓점의 수(개)	
면의 수(개)	
모서리의 수(개)	

12

밑면의 변의 수(개)	
꼭짓점의 수(개)	
면의 수(개)	
모서리의 수(개)	

13

밑면의 변의 수(개)	
꼭짓점의 수(개)	
면의 수(개)	
모서리의 수(개)	

◈ 밑면과 옆면의 모양과 수가 다음과 같은 입체도형의 이름을 쓰세요.

14

	밑면	옆면
면의 모양	△	△
면의 수(개)	1	3

( )

15

	밑면	옆면
면의 모양	▢	▯
면의 수(개)	2	4

( )

16

	밑면	옆면
면의 모양	⬢	△
면의 수(개)	1	10

( )

17

	밑면	옆면
면의 모양	⬣	▯
면의 수(개)	2	8

( )

◈ 각기둥의 전개도에서 빨간색 선으로 표시한 부분의 길이의 합은 몇 cm인지 구하세요.

18

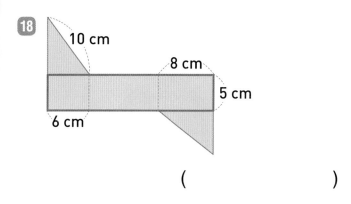

10 cm   8 cm   5 cm   6 cm

( )

19

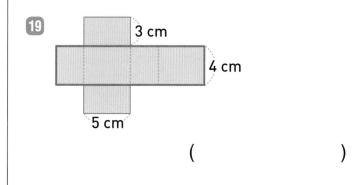

3 cm   4 cm   5 cm

( )

◈ 입체도형의 구성 요소의 수를 비교하여 ○ 안에 >, =, <를 알맞게 써넣으세요.

20

오각뿔의 면의 수	○	삼각기둥의 모서리의 수

21

팔각기둥의 면의 수	○	팔각뿔의 모서리의 수

22

오각기둥의 꼭짓점의 수	○	삼각뿔의 모서리의 수

23

육각뿔의 모서리의 수	○	사각기둥의 모서리의 수

◈ 문제를 읽고 답을 구하세요.

24 밑면의 모양이 다음과 같은 각기둥 모양의 저금통이 있습니다. 이 저금통의 면은 몇 개일까요?

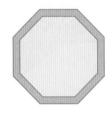

각기둥에서 면의 수는 한 밑면의 변의 수보다 ☐개 더 많습니다.

답 저금통의 면은 ☐개입니다.

25 삼각기둥에서 모서리의 수는 꼭짓점의 수보다 몇 개 더 많을까요?

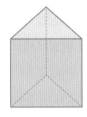

☐ − ☐ = ☐

답 삼각기둥에서 모서리의 수는 꼭짓점의 수보다 ☐개 더 많습니다.

◈ 문제를 읽고 답을 구하세요.

26 어떤 각기둥의 옆면만 그린 전개도의 일부분입니다. 이 각기둥의 꼭짓점은 몇 개일까요?

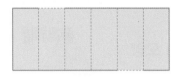

옆면이 ☐개이므로 한 밑면의 변의 수는 ☐개이고, 각기둥에서 꼭짓점의 수는 한 밑면의 변의 수의 ☐배입니다.

답 각기둥의 꼭짓점은 ☐개입니다.

27 어떤 각뿔의 밑면과 옆면의 모양을 나타낸 것입니다. 이 각뿔의 모서리의 수와 면의 수의 합은 몇 개일까요?

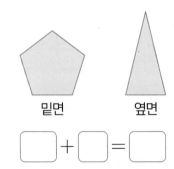

밑면   옆면

☐ + ☐ = ☐

답 각뿔의 모서리의 수와 면의 수의 합은 ☐개입니다.

• 2단원 테스트 후 맞힌 개수에 따라 아래와 같이 공부하세요.

맞힌 개수	0~18개	19~24개	25~27개
공부 방법	각기둥과 각뿔에 대한 이해가 부족해요. 07~09회를 다시 공부해요.	각기둥과 각뿔에 대해 이해는 하고 있으나 좀 더 연습이 필요해요.	실수하지 않도록 집중하여 틀린 문제를 확인해요.

3

소수의 나눗셈

개념 미리보기

3. 소수의 나눗셈

11~13회 **1** 소수의 나눗셈(1)

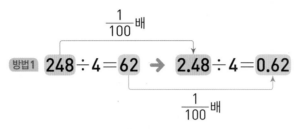

$\dfrac{1}{100}$배

방법1 $248 \div 4 = 62$ → $2.48 \div 4 = 0.62$

$\dfrac{1}{100}$배

소수 두 자리 수는 분모가 100인 분수로 바꿔 계산해요.

방법2 $2.48 \div 4 = \dfrac{248}{100} \div 4 = \dfrac{248 \div 4}{100} = \dfrac{62}{100} = 0.62$

방법3

```
    0. 6 2
 4)2 . 4 8
   2 4
       8
       8
       0
```

• 몫의 소수점은 나누어지는 수의 소수점을 올려 찍습니다.
• 몫의 자연수 부분이 비어 있을 경우 몫의 자연수 부분에 0을 씁니다.

14~18회 **2** 소수의 나눗셈(2)

소수점 아래 0을 내려 계산하는 경우	몫의 소수 첫째 자리에 0이 있는 경우	(자연수)÷(자연수)의 몫을 소수로 나타내는 경우
``` 1. 4 8 5)7 . 4 0 5 2 4 2 0 4 0 4 0 0 ``` 0을 내려 계산해요.	몫의 소수 첫째 자리에 0을 써요. ``` 3. 0 9 2)6 . 1 8 6 1 8 1 8 0 ```	``` 2. 6 5)1 3 . 0 1 0 3 0 3 0 0 ``` 0을 내려 계산해요.

19회 **3** 몫의 소수점 위치 확인하기

소수를 반올림하여 일의 자리까지 나타낸 후 몫을 어림해요.

반올림하여 나타내기	어림한 몫 구하기	몫의 소수점 위치 찾기
$15.6 \div 4$ → $16 \div 4$ 반올림하여 일의 자리까지 나타내요.	$16 \div 4 = 4$ → 몫은 약 4	$15.6 \div 4 = 0.39(\times)$ $15.6 \div 4 = 3.9(\bigcirc)$

11회 _{개념} (소수)÷(자연수)(1) - 몫이 소수 한 자리 수인 경우

3.6÷3의 계산은 자연수의 나눗셈 36÷3을 이용합니다.

$$36 \div 3 = 12$$

$\frac{1}{10}$배 $\frac{1}{10}$배

> 나누어지는 수가 $\frac{1}{10}$배가 되면 몫도 $\frac{1}{10}$배가 돼요.

$$3.6 \div 3 = 1.2$$

소수점이 왼쪽으로 한 칸 이동해요.

(소수 한 자리 수)÷(자연수)
→ (분모가 10인 분수)÷(자연수)

$$8.4 \div 4 = \frac{84}{10} \div 4 = \frac{84 \div 4}{10}$$

$$= \frac{21}{10} = 2.1$$

계산 결과를 소수로 바꿔요.

✦ ☐ 안에 알맞은 수를 써넣으세요.

1 $64 \div 2 = \boxed{}$

$\frac{1}{10}$배 $\frac{1}{10}$배

$6.4 \div 2 = \boxed{}$

2 $95 \div 5 = \boxed{}$

$\frac{1}{10}$배 $\frac{1}{10}$배

$9.5 \div 5 = \boxed{}$

3 $148 \div 4 = \boxed{}$

$\frac{1}{10}$배 $\frac{1}{10}$배

$14.8 \div 4 = \boxed{}$

4 $182 \div 7 = \boxed{}$

$\frac{1}{10}$배 $\frac{1}{10}$배

$18.2 \div 7 = \boxed{}$

✦ ☐ 안에 알맞은 수를 써넣으세요.

5 $4.5 \div 3 = \dfrac{\boxed{}}{10} \div 3 = \dfrac{\boxed{} \div 3}{10}$

$= \dfrac{\boxed{}}{10} = \boxed{}$

6 $6.8 \div 2 = \dfrac{\boxed{}}{10} \div 2 = \dfrac{\boxed{} \div 2}{10}$

$= \dfrac{\boxed{}}{10} = \boxed{}$

7 $7.5 \div 5 = \dfrac{\boxed{}}{10} \div 5 = \dfrac{\boxed{} \div 5}{10}$

$= \dfrac{\boxed{}}{10} = \boxed{}$

8 $9.6 \div 6 = \dfrac{\boxed{}}{10} \div 6 = \dfrac{\boxed{} \div 6}{10}$

$= \dfrac{\boxed{}}{10} = \boxed{}$

3 단원

정답 07쪽

◈ ☐ 안에 알맞은 수를 써넣으세요.

9 ① $48 \div 2 = \boxed{}$ → $4.8 \div 2 = \boxed{}$

② $48 \div 3 = \boxed{}$ → $4.8 \div 3 = \boxed{}$

실수 방지 나누어지는 수의 소수점이 이동한 만큼 몫의 소수점도 똑같이 이동해야 돼요.

10 ① $72 \div 4 = \boxed{}$ → $7.2 \div 4 = \boxed{}$

② $72 \div 6 = \boxed{}$ → $7.2 \div 6 = \boxed{}$

11 ① $165 \div 3 = \boxed{}$ → $16.5 \div 3 = \boxed{}$

② $165 \div 5 = \boxed{}$ → $16.5 \div 5 = \boxed{}$

12 ① $245 \div 5 = \boxed{}$ → $24.5 \div 5 = \boxed{}$

② $245 \div 7 = \boxed{}$ → $24.5 \div 7 = \boxed{}$

13 ① $432 \div 6 = \boxed{}$ → $43.2 \div 6 = \boxed{}$

② $432 \div 8 = \boxed{}$ → $43.2 \div 8 = \boxed{}$

14 ① $693 \div 7 = \boxed{}$ → $69.3 \div 7 = \boxed{}$

② $693 \div 9 = \boxed{}$ → $69.3 \div 9 = \boxed{}$

◈ 나눗셈을 하세요.

15 ① $7.6 \div 2$

② $11.8 \div 2$

16 ① $21.6 \div 3$

② $38.4 \div 3$

17 ① $15.6 \div 4$

② $26.8 \div 4$

18 ① $19.5 \div 5$

② $41.5 \div 5$

19 ① $14.4 \div 6$

② $34.2 \div 6$

20 ① $26.6 \div 7$

② $45.5 \div 7$

21 ① $33.6 \div 8$

② $68.8 \div 8$

22 ① $56.7 \div 9$

② $84.6 \div 9$

◈ ☐ 안에 알맞은 수를 써넣으세요.

㉓
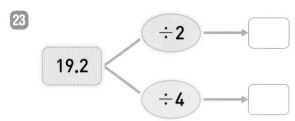

㉔
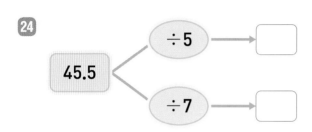

㉕
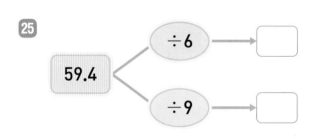

◈ 빈칸에 알맞은 수를 써넣으세요.

㉖
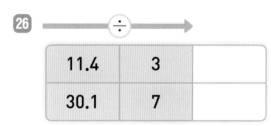

㉗
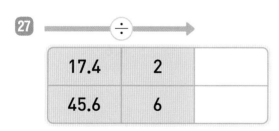

㉘
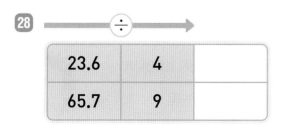

◈ 몫이 더 큰 나눗셈에 ○표 하세요.

㉙ | 15.6÷3 | | 24.4÷4 |
( ) ( )

㉚ | 18.6÷2 | | 46.9÷7 |
( ) ( )

㉛ | 32.4÷4 | | 23.4÷3 |
( ) ( )

㉜ | 51.2÷8 | | 34.5÷5 |
( ) ( )

㉝ | 44.4÷6 | | 64.8÷9 |
( ) ( )

문장제 + 연산

㉞ 길이가 79.2 cm 인 리본을 똑같이 나누어 상자 3개 를 묶으려고 합니다. 상자 한 개를 묶는 데 필요한 리본은 몇 cm일까요?

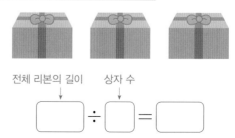

전체 리본의 길이   상자 수

☐ ÷ ☐ = ☐

🅐 상자 한 개를 묶는 데 필요한 리본은

☐ cm입니다.

◆ 몫을 찾아 이동하면 혜미가 친구들에게 받은 생일 선물을 알 수 있습니다. 혜미가 받은 생일 선물에 ○표 하세요.

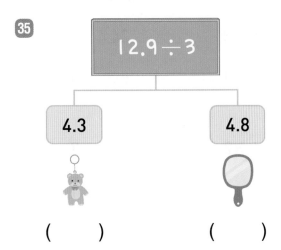

35 | 12.9 ÷ 3 → 4.3 / 4.8

( ) ( )

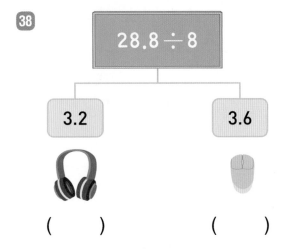

38 | 28.8 ÷ 8 → 3.2 / 3.6

( ) ( )

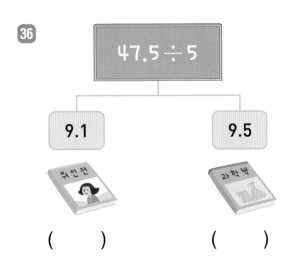

36 | 47.5 ÷ 5 → 9.1 / 9.5

( ) ( )

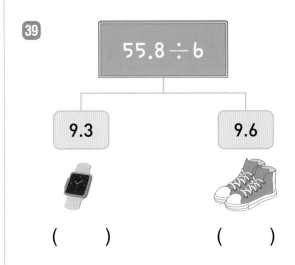

39 | 55.8 ÷ 6 → 9.3 / 9.6

( ) ( )

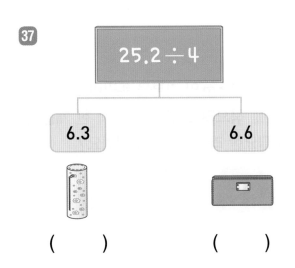

37 | 25.2 ÷ 4 → 6.3 / 6.6

( ) ( )

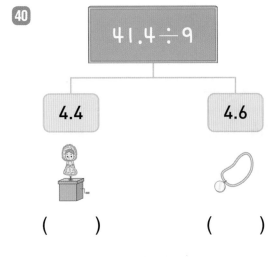

40 | 41.4 ÷ 9 → 4.4 / 4.6

( ) ( )

실수한 것이 없는지 검토했나요?

예 ☐ , 아니요 ☐

12회 개념 (소수)÷(자연수)(2) - 몫이 소수 두 자리 수인 경우

4.28÷2의 계산은 자연수의 나눗셈 428÷2를 이용합니다.

$$428 \div 2 = 214$$

$\frac{1}{100}$배 $\frac{1}{100}$배

$$4.28 \div 2 = 2.14$$

소수점이 왼쪽으로 두 칸 이동해요.

나누어지는 수가 $\frac{1}{100}$배가 되면 몫도 $\frac{1}{100}$배가 돼요.

자연수의 나눗셈과 같은 방법으로 계산하고, 나누어지는 수의 소수점 위치에 맞춰 몫에 소수점을 찍습니다.

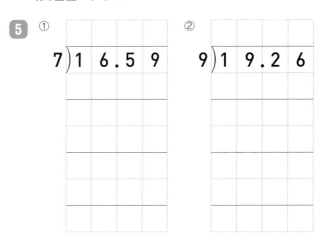

◈ ☐ 안에 알맞은 수를 써넣으세요.

1 468 ÷ 3 = ☐

$\frac{1}{100}$배 $\frac{1}{100}$배

4.68 ÷ 3 = ☐

2 625 ÷ 5 = ☐

$\frac{1}{100}$배 $\frac{1}{100}$배

6.25 ÷ 5 = ☐

3 784 ÷ 7 = ☐

$\frac{1}{100}$배 $\frac{1}{100}$배

7.84 ÷ 7 = ☐

4 816 ÷ 6 = ☐

$\frac{1}{100}$배 $\frac{1}{100}$배

8.16 ÷ 6 = ☐

◈ 나눗셈을 하세요.

5 ① 7) 1 6 . 5 9   ② 9) 1 9 . 2 6

6 ① 3) 3 8 . 8 5   ② 5) 5 6 . 7 5

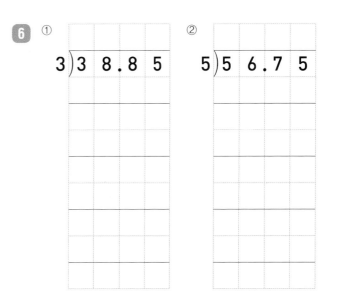

◆ 나눗셈을 하세요.

7 ①

$$2 \overline{)1\ 3.7\ 6}$$

②

$$4 \overline{)1\ 3.7\ 6}$$

실수 방지 나누어지는 수에 0이 있을 때 0도 아래로 내려 계산해야 돼요.

8 ①

$$3 \overline{)1\ 6.0\ 5}$$

②

$$5 \overline{)1\ 6.0\ 5}$$

---

9 ①

$$3 \overline{)2\ 1.3\ 3}$$

②

$$9 \overline{)2\ 1.3\ 3}$$

10 ①

$$4 \overline{)3\ 2.4\ 8}$$

②

$$7 \overline{)3\ 2.4\ 8}$$

11 ①

$$6 \overline{)4\ 6.5\ 6}$$

②

$$8 \overline{)4\ 6.5\ 6}$$

12 ①

$$7 \overline{)5\ 5.4\ 4}$$

②

$$9 \overline{)5\ 5.4\ 4}$$

◆ 나눗셈을 하세요.

13 ① $8.64 \div 2$

② $14.28 \div 2$

14 ① $13.56 \div 3$

② $20.49 \div 3$

15 ① $17.84 \div 4$

② $23.04 \div 4$

16 ① $15.65 \div 5$

② $35.95 \div 5$

17 ① $25.62 \div 6$

② $50.52 \div 6$

18 ① $44.24 \div 7$

② $63.98 \div 7$

19 ① $37.76 \div 8$

② $59.12 \div 8$

20 ① $49.14 \div 9$

② $68.22 \div 9$

◆ 빈칸에 알맞은 수를 써넣으세요.

21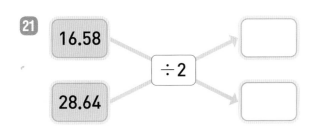

16.58 ÷2

28.64

22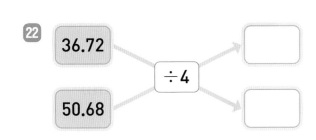

36.72 ÷4

50.68

23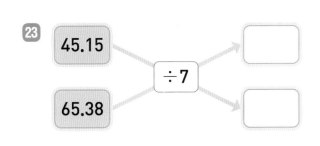

45.15 ÷7

65.38

◆ 몫이 더 작은 나눗셈에 ◯표 하세요.

27 10.24÷2   (   )

15.75÷3   (   )

28 13.55÷5   (   )

19.44÷8   (   )

29 25.76÷7   (   )

13.04÷4   (   )

30 43.44÷6   (   )

38.15÷5   (   )

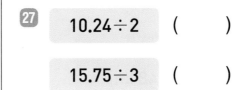

◆ 빈칸에 알맞은 수를 써넣으세요.

24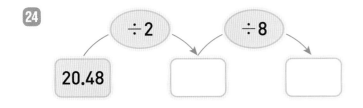

÷2   ÷8

20.48

25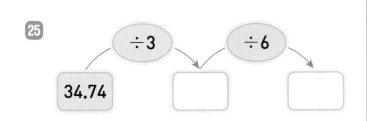

÷3   ÷6

34.74

26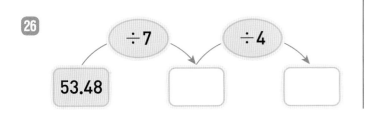

÷7   ÷4

53.48

문장제 + 연산

31 생수 8.75 L 를 물통 7개 에 똑같이 나누어 담으려고 합니다. 물통 한 개에 담는 생수는 몇 L일까요?

전체 생수의 양   물통 수

[   ] ÷ [   ] = [   ]

답 물통 한 개에 담는 생수는 [   ] L입니다.

3 단원

정답 08쪽

◆ 일정한 빠르기로 이동한 운송 수단의 사용한 연료와 이동한 거리를 나타낸 것입니다. 1 L의 연료로 이동한 거리는 몇 km인지 구하세요.

32
• 사용한 연료: 4 L
• 이동한 거리: 36.48 km

36.48 ÷ 4 = ☐ (km)

33
• 사용한 연료: 2 L
• 이동한 거리: 68.26 km

☐ ÷ ☐ = ☐ (km)

34
• 사용한 연료: 7 L
• 이동한 거리: 28.84 km

☐ ÷ ☐ = ☐ (km)

35
• 사용한 연료: 5 L
• 이동한 거리: 60.55 km

☐ ÷ ☐ = ☐ (km)

36
• 사용한 연료: 3 L
• 이동한 거리: 72.51 km

☐ ÷ ☐ = ☐ (km)

37
• 사용한 연료: 6 L
• 이동한 거리: 37.44 km

☐ ÷ ☐ = ☐ (km)

실수한 것이 없는지 검토했나요?

예 ☐, 아니요 ☐

13회 　개념 (소수)÷(자연수)(3) - 몫이 1보다 작은 소수인 경우

◆ (나누어지는 수)＞(나누는 수)이면 **몫이 1보다 큽니다.**

　　8.48÷4에서 8.48＞4입니다.
　　　　나누어지는 수 ┘　└ 나누는 수
　→ 몫이 1보다 큽니다.

◆ (나누어지는 수)＜(나누는 수)이면 **몫이 1보다 작습니다.**

　　3.25÷5에서 3.25＜5입니다.
　　　　나누어지는 수 ┘　└ 나누는 수
　→ 몫이 1보다 작습니다.

자연수의 나눗셈과 같은 방법으로 계산하고, 몫의 자연수 부분에 0을 씁니다.

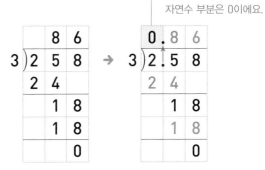

2.58＜3이므로 몫의 자연수 부분은 0이에요.

♦ 몫이 1보다 작은 나눗셈에 ○표 하세요.

1 ┃ 5.64÷4 　　　　1.64÷2
　　(　)　　　　　(　)

2 ┃ 2.82÷3 　　　　6.65÷5
　　(　)　　　　　(　)

3 ┃ 4.48÷4 　　　　3.72÷6
　　(　)　　　　　(　)

4 ┃ 7.98÷6 　　　　4.76÷7
　　(　)　　　　　(　)

5 ┃ 7.12÷8 　　　　5.85÷5
　　(　)　　　　　(　)

6 ┃ 8.46÷3 　　　　6.84÷9
　　(　)　　　　　(　)

♦ 나눗셈을 하세요.

7 ① 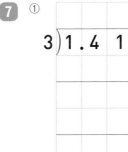　②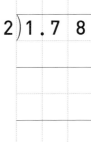

8 ① 　②

9 ① 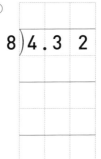　②

3단원
정답 08쪽

✦ 나눗셈을 하세요.

10 ①

$$2 \overline{)1.9\ 6}$$

②

$$7 \overline{)1.9\ 6}$$

실수 방지 몫의 자연수 부분에 0을 쓰는 것을 잊어버리면 안 돼요.

11 ①

$$3 \overline{)2.0\ 4}$$

②

$$4 \overline{)2.0\ 4}$$

12 ①

$$5 \overline{)3.1\ 5}$$

②

$$9 \overline{)3.1\ 5}$$

13 ①

$$4 \overline{)3.7\ 2}$$

②

$$6 \overline{)3.7\ 2}$$

14 ①

$$6 \overline{)5.7\ 6}$$

②

$$8 \overline{)5.7\ 6}$$

15 ①

$$7 \overline{)6.9\ 3}$$

②

$$9 \overline{)6.9\ 3}$$

✦ 나눗셈을 하세요.

16 ① $1.42 \div 2$

② $1.84 \div 2$

17 ① $1.47 \div 3$

② $2.55 \div 3$

18 ① $1.84 \div 4$

② $3.12 \div 4$

19 ① $1.95 \div 5$

② $3.65 \div 5$

20 ① $2.28 \div 6$

② $5.94 \div 6$

21 ① $2.66 \div 7$

② $5.67 \div 7$

22 ① $3.68 \div 8$

② $6.96 \div 8$

23 ① $4.14 \div 9$

② $7.83 \div 9$

빈칸에 알맞은 수를 써넣으세요.

24 1.26
1.74
÷2

25 1.86
2.85
÷3

26 3.78
5.04
÷7

빈칸에 알맞은 수를 써넣으세요.

27
÷

2.22	3.56
3	4

28
÷

4.02	5.67
6	9

29
÷

6.23	7.76
7	8

몫의 크기를 비교하여 ◯ 안에 >, =, <를 알맞게 써넣으세요.

30 2.72÷4 ◯ 4.83÷7

31 2.94÷3 ◯ 3.68÷4

32 3.92÷8 ◯ 2.82÷6

33 4.05÷9 ◯ 3.15÷7

34 4.26÷6 ◯ 5.76÷8

35 7.44÷8 ◯ 4.75÷5

문장제 + 연산

36 모양과 크기가 같은 농구공 6개의 무게는 3.48 kg 입니다. 농구공 한 개의 무게는 몇 kg일까요?

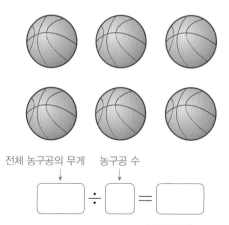

전체 농구공의 무게   농구공 수

▢ ÷ ▢ = ▢

답 농구공 한 개의 무게는 ▢ kg입니다.

◆ 주어진 나눗셈의 몫에 해당하는 글자를 위에서 찾아 ①~④의 순서대로 (   ) 안에 써넣었을 때 만들어지는 단어를 알아보세요.

37

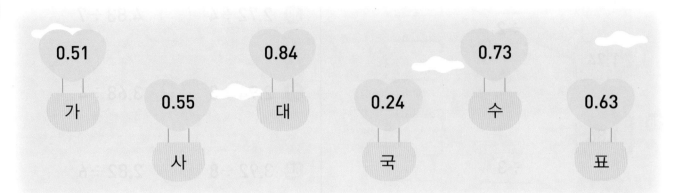

0.51 가 0.55 사 0.84 대 0.24 국 0.73 수 0.63 표

① 1.68÷7   ② 1.53÷3   ③ 6.72÷8   ④ 3.15÷5
(   )   (   )   (   )   (   )

◆ 만들어지는 단어는 [   ] 입니다.

38

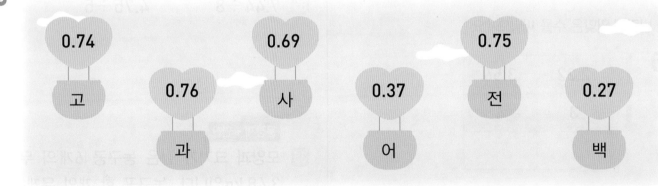

0.74 고 0.76 과 0.69 사 0.37 어 0.75 전 0.27 백

① 2.43÷9   ② 3.04÷4   ③ 4.14÷6   ④ 5.25÷7
(   )   (   )   (   )   (   )

◆ 만들어지는 단어는 [   ] 입니다.

실수한 것이 없는지 검토했나요?
예 [ ] , 아니요 [ ]

14회 [개념] (소수)÷(자연수)(4) - 소수점 아래 0을 내려 계산하는 경우

3.8÷5를 자연수의 나눗셈을 이용하여 계산하려고 합니다.

- 38÷5=7 … 3(×) ← 나누어떨어지지 않아요.
  38÷5를 이용하여 계산할 수 없습니다.
- 380÷5=76(○) ← 나누어떨어져요.
  몫이 자연수로 나누어떨어지므로 380÷5를 이용하여 계산합니다. (3.8=3.80=3.800…)

$$380÷5=76 → 3.80÷5=0.76$$

나누어떨어지지 않을 때는 나누어지는 수의 끝자리에 0이 있는 것으로 생각하고 0을 내립니다.

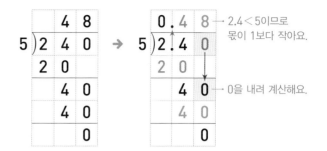

◆ 주어진 나눗셈을 계산하려고 합니다. ☐ 안에 알맞은 수를 써넣으세요.

1 1.5÷2

① 15÷2=☐ … ☐

② 150÷2=☐ → 1.5÷2=☐

2 3.4÷5

① 34÷5=☐ … ☐

② 340÷5=☐ → 3.4÷5=☐

3 3.6÷8

① 36÷8=☐ … ☐

② 360÷8=☐ → 3.6÷8=☐

4 5.7÷6

① 57÷6=☐ … ☐

② 570÷6=☐ → 5.7÷6=☐

◆ 나눗셈을 하세요.

5 ①
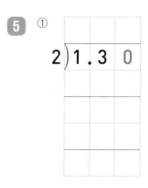
②

6 ①
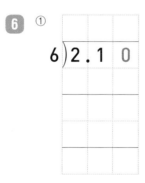
②

7 ①
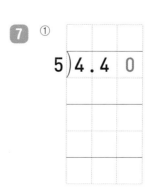
②
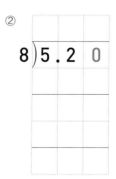

3단원
정답 09쪽

✦ 나눗셈을 하세요.

8 ①

$$2\overline{)1.7}$$

②

$$5\overline{)1.7}$$

실수 방지 소수의 끝자리에 0을 붙여도 같은 수인 것을 기억해야 돼요.

9 ①

$$4\overline{)1.8}$$

②

$$5\overline{)1.8}$$

---

10 ①

$$5\overline{)2.1}$$

②

$$6\overline{)2.1}$$

11 ①

$$5\overline{)2.8}$$

②

$$8\overline{)2.8}$$

12 ①

$$4\overline{)3.4}$$

②

$$5\overline{)3.4}$$

13 ①

$$5\overline{)3.9}$$

②

$$6\overline{)3.9}$$

✦ 나눗셈을 하세요.

14 ① $1.1 \div 2$

② $1.9 \div 2$

15 ① $1.4 \div 4$

② $2.2 \div 4$

16 ① $2.2 \div 5$

② $3.8 \div 5$

17 ① $2.7 \div 5$

② $4.3 \div 5$

18 ① $3.2 \div 5$

② $4.8 \div 5$

19 ① $2.7 \div 6$

② $3.3 \div 6$

20 ① $4.5 \div 6$

② $5.7 \div 6$

21 ① $4.4 \div 8$

② $7.6 \div 8$

◈ 소수를 자연수로 나눈 몫을 빈 곳에 써넣으세요.

22 ①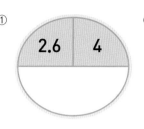
　②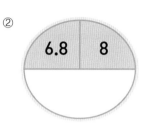

23 ①
　②

◈ 빈칸에 알맞은 수를 써넣으세요.

24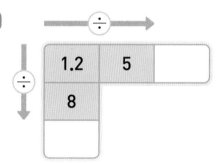

25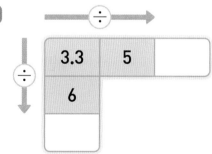

26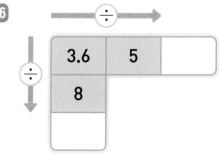

◈ 몫이 더 작은 나눗셈에 색칠하세요.

27 ┃1.3÷2┃　　┃2.9÷5┃

28 ┃2.1÷6┃　　┃1.9÷5┃

29 ┃2.6÷5┃　　┃2.8÷8┃

30 ┃3.1÷5┃　　┃5.2÷8┃

31 ┃3.8÷4┃　　┃4.7÷5┃

32 ┃2.2÷4┃　　┃3.2÷5┃

문장제 + 연산

33 무게가 같은 토마토 ⎡6개⎤의 무게는 ⎡1.5 kg⎤입니다. 토마토 한 개의 무게는 몇 kg일까요?

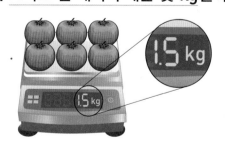

전체 토마토의 무게　토마토 수

□ ÷ □ = □

답 토마토 한 개의 무게는 □ kg입니다.

3단원

정답
10쪽

학생들이 소수의 나눗셈을 하여 나온 몫을 사다리를 타고 내려가서 적은 것입니다. 나눗셈을 바르게 한 학생은 음료수 쿠폰을 받을 수 있을 때 음료수 쿠폰을 받는 학생을 찾아 ○표 하세요.

34

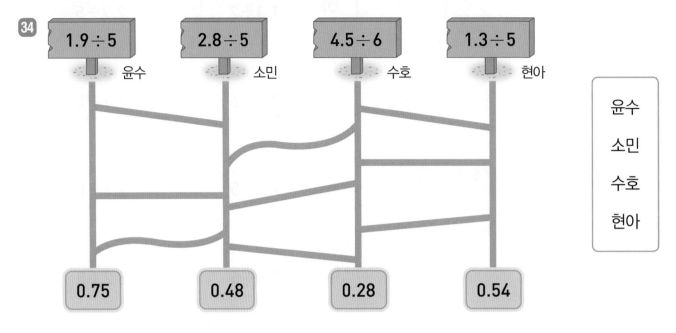

| 1.9÷5 | 2.8÷5 | 4.5÷6 | 1.3÷5 |
| 윤수 | 소민 | 수호 | 현아 |

0.75　　0.48　　0.28　　0.54

윤수
소민
수호
현아

35

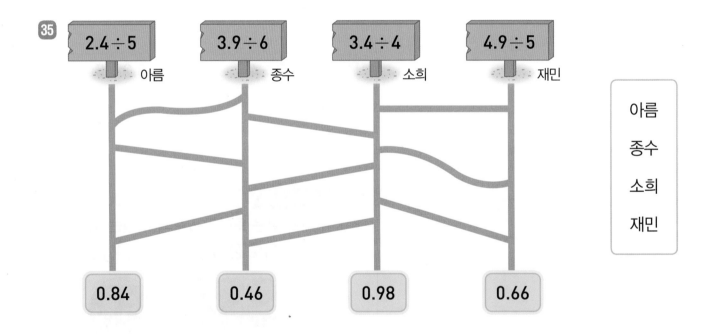

| 2.4÷5 | 3.9÷6 | 3.4÷4 | 4.9÷5 |
| 아름 | 종수 | 소희 | 재민 |

0.84　　0.46　　0.98　　0.66

아름
종수
소희
재민

실수한 것이 없는지 검토했나요?

예 ☐ , 아니요 ☐

15회 개념 (소수)÷(자연수)(5) - 소수점 아래 0을 내려 계산하는 경우

5.7÷2를 자연수의 나눗셈을 이용하여 계산하려고 합니다.

· 57÷2=28 … 1(×) ← 나누어떨어지지 않아요.

57÷2를 이용하여 계산할 수 없습니다.

· 570÷2=285(○) ← 나누어떨어져요.

몫이 자연수로 나누어떨어지므로 570÷2를 이용하여 계산합니다.

5.7=5.70=5.700 …

570÷2=285 → 5.70÷2=2.85

나누어떨어지지 않을 때는 나누어지는 수의 끝자리에 0이 있는 것으로 생각하고 0을 내립니다.

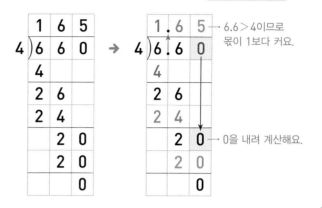

주어진 나눗셈을 계산하려고 합니다. ☐ 안에 알맞은 수를 써넣으세요.

1 5.3÷2

① 53÷2= ☐ … ☐

② 530÷2= ☐

→ 5.3÷2= ☐

2 6.2÷5

① 62÷5= ☐ … ☐

② 620÷5= ☐

→ 6.2÷5= ☐

3 9.4÷4

① 94÷4= ☐ … ☐

② 940÷4= ☐

→ 9.4÷4= ☐

나눗셈을 하세요.

4 ① 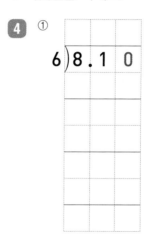   ②

5 ① 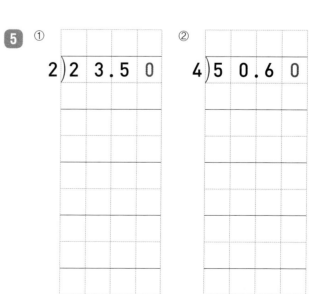   ②

3

단원

정답
10쪽

✦ 나눗셈을 하세요.

6 ① $2\overline{)5.7}$ ② $5\overline{)5.7}$

실수 방지 나누어떨어질 때까지 나누어지는 수의 끝자리 0을 계속 내릴 수 있어요.

7 ① $4\overline{)9.3}$ ② $5\overline{)9.3}$

8 ① $5\overline{)11.6}$ ② $8\overline{)11.6}$

9 ① $5\overline{)17.7}$ ② $6\overline{)17.7}$

10 ① $2\overline{)31.3}$ ② $5\overline{)31.3}$

11 ① $4\overline{)52.6}$ ② $5\overline{)52.6}$

✦ 나눗셈을 하세요.

12 ① $3.9 \div 2$
② $11.3 \div 2$

13 ① $6.6 \div 4$
② $21.4 \div 4$

14 ① $12.6 \div 4$
② $27.8 \div 4$

15 ① $15.6 \div 5$
② $37.8 \div 5$

16 ① $21.6 \div 5$
② $44.2 \div 5$

17 ① $19.5 \div 6$
② $35.1 \div 6$

18 ① $23.1 \div 6$
② $45.3 \div 6$

19 ① $30.8 \div 8$
② $53.2 \div 8$

◈ ☐ 안에 알맞은 수를 써넣으세요.

20
23.8 → ÷4 → ☐

21
33.9 → ÷6 → ☐

22
57.2 → ÷8 → ☐

◈ 빈칸에 알맞은 수를 써넣으세요.

23
÷

9.1	26.1
2	6

24
÷

14.6	21.4
4	5

25
÷

25.8	43.6
5	8

◈ 몫의 크기를 비교하여 ○ 안에 >, =, <를 알맞게 써넣으세요.

26 8.7÷2 ◯ 21.6÷5

27 18.2÷5 ◯ 15.4÷4

28 20.6÷4 ◯ 33.2÷8

29 38.1÷6 ◯ 27.4÷4

30 42.9÷6 ◯ 34.7÷5

31 50.1÷6 ◯ 66.8÷8

3 단원

정답 10쪽

문장제 + 연산

32 과수원에서 딴 사과 [23.4 kg]을 [4상자]에 똑같이 나누어 담았습니다. 한 상자에 담은 사과는 몇 kg일까요?

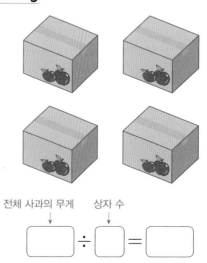

전체 사과의 무게   상자 수

☐ ÷ ☐ = ☐

답 한 상자에 담은 사과는 ☐ kg입니다.

✦ 도형을 모양과 크기가 같도록 등분한 것입니다. 색칠한 부분의 넓이는 몇 cm²인지 구하세요.

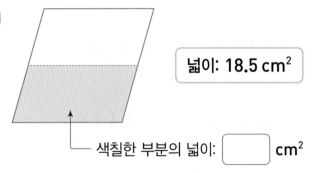

33

넓이: 18.5 cm²

└─ 색칠한 부분의 넓이: ☐ cm²

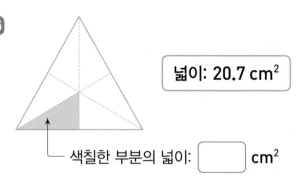

36

넓이: 20.7 cm²

└─ 색칠한 부분의 넓이: ☐ cm²

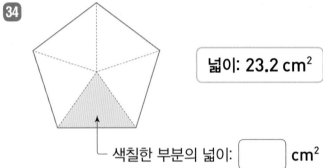

34

넓이: 23.2 cm²

└─ 색칠한 부분의 넓이: ☐ cm²

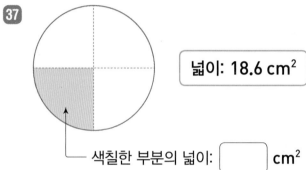

37

넓이: 18.6 cm²

└─ 색칠한 부분의 넓이: ☐ cm²

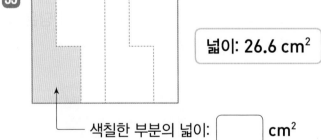

35

넓이: 26.6 cm²

└─ 색칠한 부분의 넓이: ☐ cm²

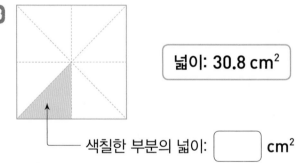

38

넓이: 30.8 cm²

└─ 색칠한 부분의 넓이: ☐ cm²

실수한 것이 없는지 검토했나요?

예 ☐ , 아니요 ☐

16회 개념 (소수)÷(자연수)(6) - 몫의 소수 첫째 자리에 0이 있는 경우

6.27÷3의 계산은 자연수의 나눗셈 627÷3을 이용합니다.

$$627 \div 3 = 209$$

$\frac{1}{100}$배 $\frac{1}{100}$배

$$6.27 \div 3 = 2.09$$

소수점이 왼쪽으로 두 칸 이동해요.

나누어야 할 수가 나누는 수보다 작을 때는 몫에 0을 쓰고 수를 하나 더 내려 계산합니다.

```
    1 0 8              1.0 8
3)3 2 4      →     3)3.2 4
  3                   3
    2 4               2 4
    2 4               2 4
      0                 0
```

2를 3으로 나눌 수 없으므로 몫의 소수 첫째 자리에 0을 써요.

◈ ☐ 안에 알맞은 수를 써넣으세요.

1   525 ÷ 5 = ☐

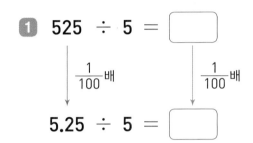

5.25 ÷ 5 = ☐

2   624 ÷ 3 = ☐

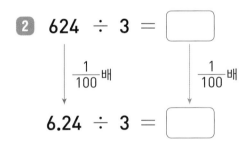

6.24 ÷ 3 = ☐

3   654 ÷ 6 = ☐

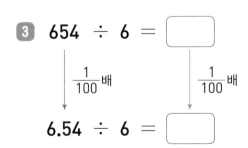

6.54 ÷ 6 = ☐

4   927 ÷ 9 = ☐

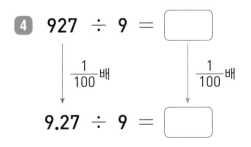

9.27 ÷ 9 = ☐

◈ 나눗셈을 하세요.

5   ① 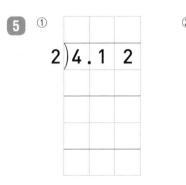   ②

6   ①    ②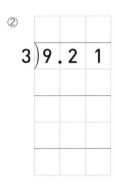

7   ① 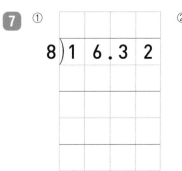   ②

3 단원

정답 10쪽

◆ 나눗셈을 하세요.

8 ①

$$2 \overline{)6.18}$$

②

$$6 \overline{)6.18}$$

실수 방지 몫의 소수 첫째 자리에 0을 빠뜨리고 계산하면 안 돼요.

9 ①

$$2 \overline{)16.16}$$

②

$$8 \overline{)16.16}$$

10 ①

$$3 \overline{)24.12}$$

②

$$6 \overline{)24.12}$$

11 ①

$$5 \overline{)35.35}$$

②

$$7 \overline{)35.35}$$

12 ①

$$3 \overline{)48.24}$$

②

$$8 \overline{)48.24}$$

13 ①

$$6 \overline{)54.36}$$

②

$$9 \overline{)54.36}$$

◆ 나눗셈을 하세요.

14 ① $18.06 \div 3$
② $27.24 \div 3$

15 ① $20.24 \div 4$
② $32.36 \div 4$

16 ① $25.35 \div 5$
② $40.15 \div 5$

17 ① $30.36 \div 6$
② $54.24 \div 6$

18 ① $35.56 \div 7$
② $49.63 \div 7$

19 ① $40.16 \div 8$
② $64.32 \div 8$

20 ① $48.56 \div 8$
② $72.64 \div 8$

21 ① $54.45 \div 9$
② $81.27 \div 9$

◆ 빈칸에 알맞은 수를 써넣으세요.

22

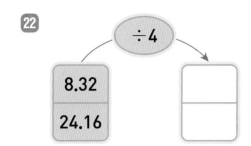

23

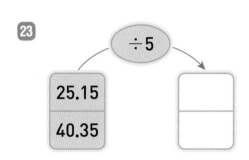

24

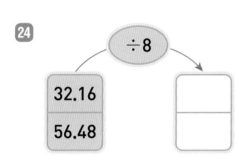

◆ 빈 곳에 알맞은 수를 써넣으세요.

25

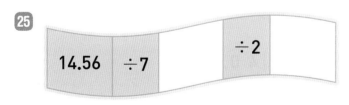

26

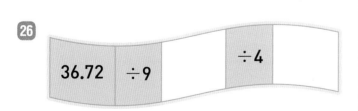

27

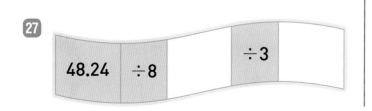

◆ 몫이 더 큰 나눗셈의 기호를 쓰세요.

28

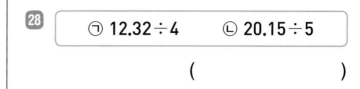
| ㉠ 12.32÷4 | ㉡ 20.15÷5 |

( )

29
| ㉠ 12.18÷3 | ㉡ 24.72÷8 |

( )

30
| ㉠ 12.04÷2 | ㉡ 42.56÷7 |

( )

31
| ㉠ 42.12÷6 | ㉡ 54.27÷9 |

( )

문장제 + 연산

32 둘레가 72.54 m인 원 모양의 호수에 같은 간격으로 가로등 9개를 세우려고 합니다. 가로등 사이의 간격은 몇 m로 해야 할까요? (단, 가로등의 두께는 생각하지 않습니다.)

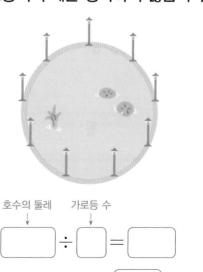

호수의 둘레　　가로등 수

□ ÷ □ = □

답 가로등 사이의 간격은 □ m로 해야 합니다.

◆ 나눗셈의 몫을 구하고, 몫이 큰 것부터 차례대로 아래 ◯ 안에 글자를 써넣으면 속담이 완성됩니다. 완성된 속담을 알아보세요.

33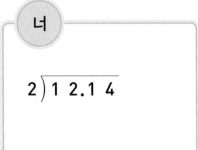

너

$2 \overline{\smash{)}\ 1\ 2.1\ 4}$

몫: ⬜

36

불

$6 \overline{\smash{)}\ 1\ 8.5\ 4}$

몫: ⬜

34

건

$7 \overline{\smash{)}\ 4\ 9.2\ 1}$

몫: ⬜

37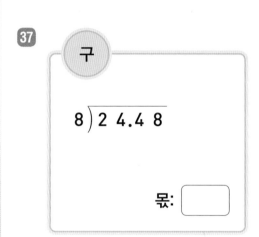

구

$8 \overline{\smash{)}\ 2\ 4.4\ 8}$

몫: ⬜

35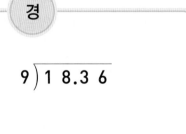

경

$9 \overline{\smash{)}\ 1\ 8.3\ 6}$

몫: ⬜

38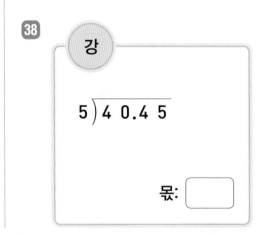

강

$5 \overline{\smash{)}\ 4\ 0.4\ 5}$

몫: ⬜

◆ 완성된 속담은 ◯ ◯ ◯ ◯ ◯ ◯ 입니다.

 실수한 것이 없는지 검토했나요?

예 ⬜, 아니요 ⬜

17회 개념 (소수)÷(자연수) (7) - 몫의 소수 첫째 자리에 0이 있는 경우

5.2÷5를 자연수의 나눗셈을 이용하여 계산하려고 합니다.

나누어떨어져요.

$52 \div 5 = 10 \cdots 2$, $520 \div 5 = 104$

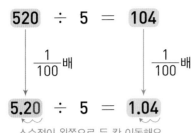

$520 \div 5 = 104$

$\frac{1}{100}$배 $\frac{1}{100}$배

$5.20 \div 5 = 1.04$

소수점이 왼쪽으로 두 칸 이동해요.

나누어야 할 수가 나누는 수보다 작을 때는 몫에 0을 쓰고 수를 하나 더 내려 계산합니다. 이때 내릴 수가 없으면 0을 내려 계산합니다.

```
    1 0 6          1.0 6
5)5 3 0    →   5)5.3 0
  5                5
    3 0              3 0
    3 0              3 0
      0                0
```

3을 5로 나눌 수 없으므로 몫의 소수 첫째 자리에 0을 써요.

✦ ☐ 안에 알맞은 수를 써넣으세요.

1 $630 \div 6 = \boxed{}$

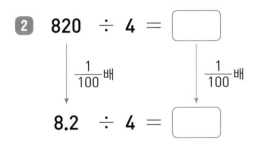

$\frac{1}{100}$배 $\frac{1}{100}$배

$6.3 \div 6 = \boxed{}$

2 $820 \div 4 = \boxed{}$

$\frac{1}{100}$배 $\frac{1}{100}$배

$8.2 \div 4 = \boxed{}$

3 $1210 \div 2 = \boxed{}$

$\frac{1}{100}$배 $\frac{1}{100}$배

$12.1 \div 2 = \boxed{}$

4 $2040 \div 5 = \boxed{}$

$\frac{1}{100}$배 $\frac{1}{100}$배

$20.4 \div 5 = \boxed{}$

✦ 나눗셈을 하세요.

5 ①
```
2)2.1 0
```
②
```
4)4.2 0
```

6 ①
```
5)5.4 0
```
②
```
2)8.1 0
```

7 ①
```
8)1 6.4 0
```
②
```
5)2 5.3 0
```

3 단원

정답 11쪽

나눗셈을 하세요.

8 ①

$$2\overline{)4.1}$$

②

$$2\overline{)1\ 6.1}$$

실수 방지 몫의 소수 첫째 자리에 0을 쓴 후 내릴 수가 없을 때는 0을 내려야 돼요.

9 ①

$$4\overline{)8.2}$$

②

$$4\overline{)2\ 4.2}$$

10 ①

$$5\overline{)1\ 0.3}$$

②

$$5\overline{)4\ 0.2}$$

11 ①

$$5\overline{)2\ 5.4}$$

②

$$5\overline{)4\ 5.1}$$

12 ①

$$6\overline{)3\ 6.3}$$

②

$$6\overline{)4\ 2.3}$$

13 ①

$$8\overline{)5\ 6.4}$$

②

$$8\overline{)7\ 2.4}$$

나눗셈을 하세요.

14 ① $10.1 \div 2$
② $14.1 \div 2$

15 ① $12.2 \div 4$
② $32.2 \div 4$

16 ① $16.2 \div 4$
② $36.2 \div 4$

17 ① $20.1 \div 5$
② $40.1 \div 5$

18 ① $20.4 \div 5$
② $35.3 \div 5$

19 ① $12.3 \div 6$
② $54.3 \div 6$

20 ① $24.3 \div 6$
② $48.3 \div 6$

21 ① $40.4 \div 8$
② $64.4 \div 8$

◆ 소수를 자연수로 나눈 몫을 빈칸에 써넣으세요.

22 ①
2	
6.1	

②
35.2	
5	

23 ①
15.4	
5	

②
6	
30.3	

24 ①
8	
24.4	

②
40.3	
5	

◆ 빈칸에 알맞은 수를 써넣으세요.

25 ÷ →
12.1	2	
25.2	5	

26 ÷ →
20.3	5	
32.4	8	

27 ÷ →
36.2	4	
42.3	6	

◆ 몫이 더 작은 나눗셈의 기호를 쓰세요.

28
㉠ 28.2÷4	㉡ 35.4÷5

( )

29
㉠ 36.3÷6	㉡ 20.2÷4

( )

30
㉠ 20.2÷5	㉡ 24.3÷6

( )

31
㉠ 45.3÷5	㉡ 18.1÷2

( )

3
단원
정답
12쪽

문장제 + 연산

32 수영이는 둘레가 30.4 cm 인 정오각형을 그렸습니다. 그린 정오각형의 한 변의 길이는 몇 cm일까요?

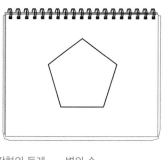

정오각형의 둘레　　변의 수
　　↓　　　　　↓
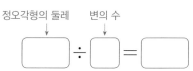

답 정오각형의 한 변의 길이는 [   ] cm입 니다.

◆ 나눗셈의 몫이 작은 것부터 차례대로 글자를 쓰면 사자성어가 완성됩니다. 완성된 사자성어를 알아보세요.

33

$2.1 \div 2$
주

$5.4 \div 5$
경

$10.4 \div 5$
독

$4.1 \div 2$
야

(   )

35

$12.3 \div 6$
만

$5.1 \div 5$
대

$12.2 \div 4$
성

$4.2 \div 4$
기

(   )

34

$8.4 \div 8$
일

$6.1 \div 2$
이

$16.2 \div 4$
조

$10.3 \div 5$
석

(   )

36

$20.4 \div 5$
감

$15.4 \div 5$
고

$24.3 \div 6$
진

$28.2 \div 4$
래

(   )

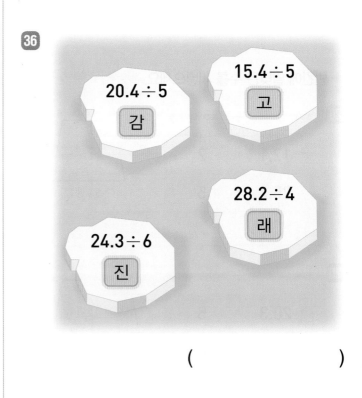

실수한 것이 없는지 검토했나요?

예 ☐ , 아니요 ☐

18회 개념 (자연수)÷(자연수)의 몫을 소수로 나타내기

(자연수)÷(자연수)의 몫을 분수로 나타낸 다음 소수로 나타냅니다.

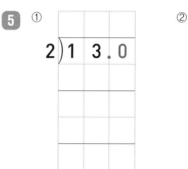

- $9 \div 4 = \dfrac{9}{4} = \dfrac{225}{100} = 2.25$

소수로 나타내기 위해 분모가 10, 100, 1000인 분수로 나타내요.

- $9 \div 8 = \dfrac{9}{8} = \dfrac{1125}{1000} = 1.125$

더 이상 계산할 수 없을 때까지 0을 내려 계산하고, 소수점을 자연수 바로 뒤에서 올려 찍습니다.

$5 = 5.0 = 5.00\cdots$

나누어떨어질 때까지 0을 내려 계산해요.

◆ ☐ 안에 알맞은 수를 써넣으세요.

1 $1 \div 5 = \dfrac{\boxed{}}{5} = \dfrac{\boxed{} \times 2}{5 \times 2}$

$= \dfrac{\boxed{}}{10} = \boxed{}$

2 $3 \div 2 = \dfrac{\boxed{}}{2} = \dfrac{\boxed{} \times 5}{2 \times 5}$

$= \dfrac{\boxed{}}{10} = \boxed{}$

3 $3 \div 4 = \dfrac{\boxed{}}{4} = \dfrac{\boxed{} \times 25}{4 \times 25}$

$= \dfrac{\boxed{}}{100} = \boxed{}$

4 $5 \div 8 = \dfrac{\boxed{}}{8} = \dfrac{\boxed{} \times 125}{8 \times 125}$

$= \dfrac{\boxed{}}{1000} = \boxed{}$

◆ 나눗셈을 하세요.

5 ① $2) 1\ 3 . 0$ ② $4) 1\ 8 . 0$

6 ① $5) 2\ 6 . 0$ ② $8) 2\ 8 . 0$

7 ① $12) 4\ 5 . 0\ 0$ ② $25) 5\ 3 . 0\ 0$

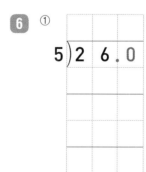
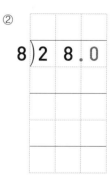
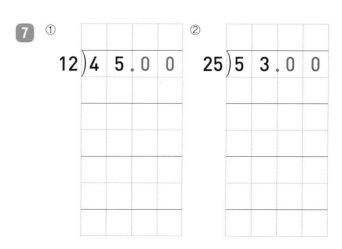

3 단원

정답 12쪽

◆ 나눗셈을 하세요.

8 ①
$$5 \overline{)9}$$

②
$$15 \overline{)9}$$

9 ①
$$2 \overline{)1\ 5}$$

②
$$6 \overline{)1\ 5}$$

실수 방지	나누어떨어질 때까지 0을 계속 내려줘야 돼요.

10 ①
$$4 \overline{)2\ 1}$$

②
$$8 \overline{)2\ 1}$$

11 ①
$$2 \overline{)3\ 3}$$

②
$$12 \overline{)3\ 3}$$

12 ①
$$5 \overline{)4\ 2}$$

②
$$25 \overline{)4\ 2}$$

13 ①
$$8 \overline{)4\ 9}$$

②
$$14 \overline{)4\ 9}$$

◆ 나눗셈을 하세요.

14 ① $7 \div 2$

② $17 \div 2$

15 ① $3 \div 4$

② $13 \div 4$

16 ① $14 \div 5$

② $24 \div 5$

17 ① $20 \div 8$

② $30 \div 8$

18 ① $30 \div 12$

② $39 \div 12$

19 ① $18 \div 15$

② $48 \div 15$

20 ① $24 \div 16$

② $44 \div 16$

21 ① $25 \div 20$

② $48 \div 20$

◆ 빈칸에 알맞은 수를 써넣으세요.

22

9
25
÷2

23

19
31
÷5

24

44
50
÷8

◆ 몫이 다른 하나를 찾아 ○표 하세요.

27

9÷6	18÷12	14÷8
( )	( )	( )

28

10÷8	3÷4	9÷12
( )	( )	( )

29

21÷15	11÷5	14÷10
( )	( )	( )

30

45÷18	40÷16	22÷8
( )	( )	( )

3
단원

정답
12쪽

◆ 빈칸에 알맞은 수를 써넣으세요.

25

÷

÷	21	12	
	2	5	

26

÷

÷	52	8	
	5	20	

문장제 + 연산

31 8일에 18분씩 일정한 빠르기로 빨라지는 시계가 있습니다. 이 시계는 하루에 몇 분씩 빨라질까요?

빨라지는 시간   날수
　　↓　　　　↓
[　　] ÷ [　　] = [　　]

답 시계는 하루에 [　　]분씩 빨라집니다.

3. 소수의 나눗셈 **081**

❖ 가장 큰 수를 가장 작은 수로 나눈 몫을 구하세요.

32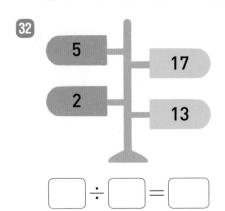

☐ ÷ ☐ = ☐

33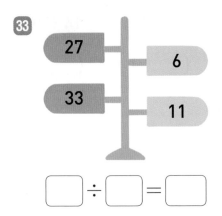

☐ ÷ ☐ = ☐

34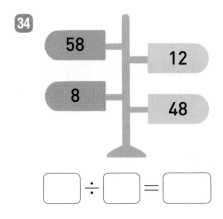

☐ ÷ ☐ = ☐

35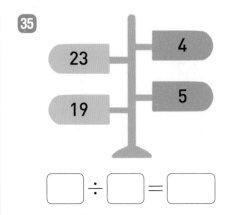

☐ ÷ ☐ = ☐

36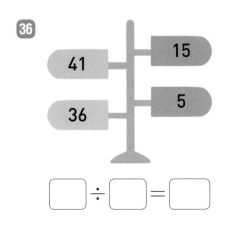

☐ ÷ ☐ = ☐

37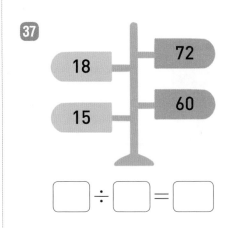

☐ ÷ ☐ = ☐

실수한 것이 없는지 검토했나요?

예 ☐ , 아니요 ☐

19회 개념 몫의 소수점 위치 확인하기

(소수)÷(자연수)에서 소수를 반올림하여 일의 자리까지 나타내어 어림한 식으로 나타냅니다.

소수 첫째 자리 숫자가 3이므로 버림해요.

8.32÷4 → 어림 8÷4

소수 첫째 자리 숫자가 8이므로 올림해요.

13.86÷7 → 어림 14÷7

어림한 몫에 가깝도록 소수점 위치를 찾습니다.

11.52÷6

소수를 반올림하여 일의 자리까지 나타내요.

어림 12÷6 → 약 2

몫의 소수점 위치를 찾아요.

몫 1◯9◯2

◈ 나누어지는 수를 반올림하여 일의 자리까지 나타내어 어림한 식으로 나타내세요.

❶ 6.45÷3 → 어림 ☐÷3

❷ 15.76÷8 → 어림 ☐÷8

❸ 19.55÷5 → 어림 ☐÷5

❹ 24.24÷6 → 어림 ☐÷6

❺ 26.91÷9 → 어림 ☐÷9

❻ 35.35÷7 → 어림 ☐÷7

◈ 어림하여 몫의 소수점 위치를 찾아 소수점을 찍으세요.

❼ 12.96÷4

어림 ☐÷☐ → 약 ☐

몫 3◯2◯4

❽ 20.35÷5

어림 ☐÷☐ → 약 ☐

몫 4◯0◯7

❾ 32.4÷2

어림 ☐÷☐ → 약 ☐

몫 1◯6◯2

❿ 37.5÷3

어림 ☐÷☐ → 약 ☐

몫 1◯2◯5

3단원

정답 13쪽

✦ 어림하여 몫의 소수점 위치를 찾아 소수점을 찍으세요.

⑪ ① $3.92 \div 2 = 1 ○ 9 ○ 6$

　② $39.2 \div 2 = 1 ○ 9 ○ 6$

⑫ ① $98.1 \div 3 = 3 ○ 2 ○ 7$

　② $9.81 \div 3 = 3 ○ 2 ○ 7$

⑬ ① $7.32 \div 4 = 1 ○ 8 ○ 3$

　② $73.2 \div 4 = 1 ○ 8 ○ 3$

⑭ ① $142.8 \div 6 = 2 ○ 3 ○ 8$

　② $14.28 \div 6 = 2 ○ 3 ○ 8$

⑮ ① $101.5 \div 7 = 1 ○ 4 ○ 5$

　② $10.15 \div 7 = 1 ○ 4 ○ 5$

⑯ ① $8.48 \div 8 = 1 ○ 0 ○ 6$

　② $84.8 \div 8 = 1 ○ 0 ○ 6$

⑰ ① $154.8 \div 9 = 1 ○ 7 ○ 2$

　② $15.48 \div 9 = 1 ○ 7 ○ 2$

✦ 어림하여 몫의 소수점 위치를 찾아 소수점을 찍으세요.

⑱ ① $17.08 \div 2 = 8 ○ 5 ○ 4$

　② $35.8 \div 2 = 1 ○ 7 ○ 9$

⑲ ① $51.6 \div 3 = 1 ○ 7 ○ 2$

　② $19.14 \div 3 = 6 ○ 3 ○ 8$

⑳ ① $10.52 \div 4 = 2 ○ 6 ○ 3$

　② $62.8 \div 4 = 1 ○ 5 ○ 7$

㉑ ① $145.5 \div 5 = 2 ○ 9 ○ 1$

　② $35.45 \div 5 = 7 ○ 0 ○ 9$

㉒ ① $5.52 \div 6 = 0 ○ 9 ○ 2$

　② $92.4 \div 6 = 1 ○ 5 ○ 4$

㉓ ① $89.6 \div 7 = 1 ○ 2 ○ 8$

　② $5.74 \div 7 = 0 ○ 8 ○ 2$

㉔ ① $8.24 \div 8 = 1 ○ 0 ○ 3$

　② $129.6 \div 8 = 1 ○ 6 ○ 2$

◈ 어림하여 몫의 소수점 위치가 올바른 나눗셈식을 찾아 ○표 하세요.

25
$$76.2 \div 3 = 254$$
$$76.2 \div 3 = 25.4$$
$$76.2 \div 3 = 2.54$$
$$76.2 \div 3 = 0.254$$

26
$$8.28 \div 6 = 138$$
$$8.28 \div 6 = 13.8$$
$$8.28 \div 6 = 1.38$$
$$8.28 \div 6 = 0.138$$

27
$$19.76 \div 8 = 247$$
$$19.76 \div 8 = 24.7$$
$$19.76 \div 8 = 2.47$$
$$19.76 \div 8 = 0.247$$

◈ 어림하여 몫의 소수점 위치가 잘못된 나눗셈식에 ×표 하세요.

28
$$6.35 \div 5 = 1.27$$
$$16.17 \div 7 = 23.1$$

29
$$17.04 \div 6 = 2.84$$
$$4.05 \div 9 = 4.5$$

30
$$42.4 \div 8 = 0.53$$
$$54.45 \div 9 = 6.05$$

◈ 몫을 어림하여 몫이 왼쪽 수보다 큰 나눗셈에 ○표 하세요.

31
 1 | $2.08 \div 2$ $7.28 \div 8$

32
 2 | $5.52 \div 3$ $14.21 \div 7$

33
 3 | $32.4 \div 9$ $14.75 \div 5$

34
 4 | $24.6 \div 6$ $15.12 \div 4$

문장제 + 연산

35 쌀 24.45 kg 을 통 3개 에 똑같이 나누어 담으려고 합니다. 통 한 개에 담을 수 있는 쌀은 몇 kg인지 어림하여 구하세요.

어림한 쌀의 무게   통 수

어림 $\boxed{} \div \boxed{}$ → 약 $\boxed{}$

몫 $8 \bigcirc 1 \bigcirc 5$

답 통 한 개에 담을 수 있는 쌀은 $\boxed{}$ kg 입니다.

3단원 정답 13쪽

◆ 어림하여 몫의 소수점 위치가 올바른 나눗셈식을 찾아 ○표 하고, 번호 순서대로 아래 ☐ 안에 ○표 한 글자를 써넣으세요.

36
25.9÷7=37 → 김　(　)
25.9÷7=3.7 → 인　(　)
25.9÷7=0.37 → 민　(　)

37
18.4÷4=0.46 → 주　(　)
18.4÷4=46 → 수　(　)
18.4÷4=4.6 → 천　(　)

38
27.2÷8=3.4 → 국　(　)
27.2÷8=34 → 주　(　)
27.2÷8=0.34 → 강　(　)

39
34.6÷2=17.3 → 제　(　)
34.6÷2=173 → 인　(　)
34.6÷2=1.73 → 의　(　)

40
45.9÷3=0.153 → 국　(　)
45.9÷3=1.53 → 송　(　)
45.9÷3=15.3 → 공　(　)

41
74.4÷24=0.31 → 고　(　)
74.4÷24=31 → 안　(　)
74.4÷24=3.1 → 항　(　)

◆ ☐ ☐ ☐ ☐ ☐ ☐

실수한 것이 없는지 검토했나요?
예 ☐ , 아니요 ☐

 **테스트 3. 소수의 나눗셈**

◆ 나눗셈을 하세요.

1 ① $3\overline{)8.4}$ ② $6\overline{)8.4}$

2 ① $2\overline{)10.52}$ ② $4\overline{)10.52}$

3 ① $3\overline{)26.46}$ ② $7\overline{)26.46}$

4 ① $4\overline{)2.88}$ ② $6\overline{)2.88}$

5 ① $5\overline{)4.95}$ ② $9\overline{)4.95}$

6 ① $4\overline{)2.6}$ ② $5\overline{)2.6}$

◆ 나눗셈을 하세요.

7 ① $2\overline{)7.3}$ ② $5\overline{)7.3}$

8 ① $5\overline{)13.2}$ ② $8\overline{)13.2}$

9 ① $5\overline{)10.45}$ ② $6\overline{)24.42}$

10 ① $4\overline{)8.2}$ ② $5\overline{)15.3}$

11 ① $4\overline{)22}$ ② $8\overline{)22}$

12 ① $5\overline{)39}$ ② $6\overline{)39}$

3 단원

정답 13쪽

◆ 나눗셈을 하세요.

13 ① $6.9 \div 3$

② $14.4 \div 3$

14 ① $9.5 \div 5$

② $17.5 \div 5$

15 ① $7.12 \div 4$

② $14.76 \div 4$

16 ① $17.15 \div 7$

② $29.47 \div 7$

17 ① $2.85 \div 5$

② $4.65 \div 5$

18 ① $4.32 \div 9$

② $6.21 \div 9$

19 ① $1.5 \div 6$

② $3.9 \div 6$

20 ① $2.8 \div 8$

② $6.8 \div 8$

◆ 나눗셈을 하세요.

21 ① $10.2 \div 4$

② $21.4 \div 4$

22 ① $19.7 \div 5$

② $36.2 \div 5$

23 ① $15.09 \div 3$

② $24.06 \div 3$

24 ① $28.56 \div 7$

② $42.21 \div 7$

25 ① $8.1 \div 2$

② $20.1 \div 2$

26 ① $16.4 \div 8$

② $40.4 \div 8$

27 ① $16 \div 5$

② $21 \div 5$

28 ① $33 \div 15$

② $54 \div 15$

◆ ☐ 안에 알맞은 수를 써넣으세요.

29

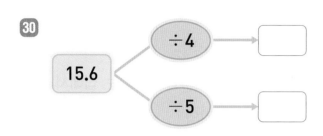

10.8 ÷3 → ☐
÷8 → ☐

30

15.6 ÷4 → ☐
÷5 → ☐

◆ 빈칸에 알맞은 수를 써넣으세요.

31

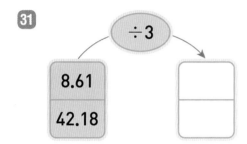

÷3

| 8.61 |
| 42.18 |

32

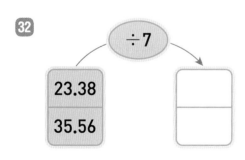

÷7

| 23.38 |
| 35.56 |

33

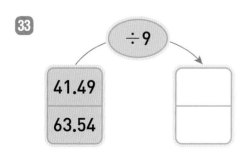

÷9

| 41.49 |
| 63.54 |

◆ 빈 곳에 알맞은 수를 써넣으세요.

34

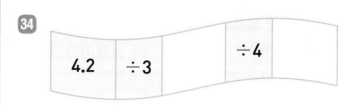

4.2 ÷3 ÷4

35

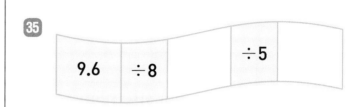

9.6 ÷8 ÷5

36

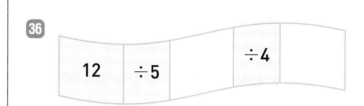

12 ÷5 ÷4

37

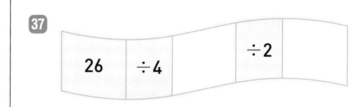

26 ÷4 ÷2

◆ 어림하여 몫의 소수점 위치가 올바른 나눗셈식을 찾아 ○표 하세요.

38

64.8÷4＝162
64.8÷4＝16.2
64.8÷4＝1.62
64.8÷4＝0.162

39

31.92÷7＝456
31.92÷7＝45.6
31.92÷7＝4.56
31.92÷7＝0.456

❖ 문제를 읽고 답을 구하세요.

40 일정한 빠르기로 4시간 동안 10.52 m를 가는 달팽이가 있습니다. 이 달팽이가 1시간 동안 가는 거리는 몇 m일까요?

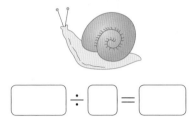

$$\boxed{} \div \boxed{} = \boxed{}$$

답 달팽이가 1시간 동안 가는 거리는

$\boxed{}$ m입니다.

41 둘레가 1.36 km인 원 모양의 호수에 같은 간격으로 나무 8그루를 심으려고 합니다. 나무 사이의 간격은 몇 km로 해야 할까요? (단, 나무의 두께는 생각하지 않습니다.)

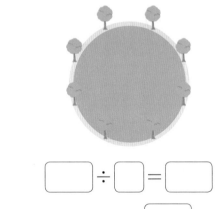

$$\boxed{} \div \boxed{} = \boxed{}$$

답 나무 사이의 간격은 $\boxed{}$ km로 해야 합니다.

❖ 문제를 읽고 답을 구하세요.

42 집에서 도서관까지의 거리는 집에서 분수대까지의 거리의 몇 배일까요?

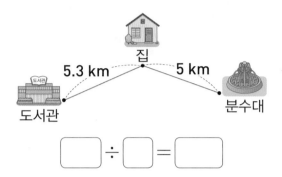

도서관 ←5.3 km→ 집 ←5 km→ 분수대

$$\boxed{} \div \boxed{} = \boxed{}$$

답 집에서 도서관까지의 거리는 집에서 분수대까지의 거리의 $\boxed{}$ 배입니다.

43 휘발유 4 L로 25 km를 가는 자동차가 있습니다. 이 자동차가 1 km를 가는 데 필요한 휘발유는 몇 L일까요?

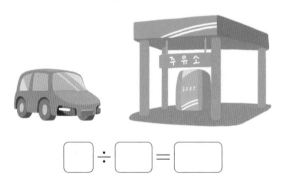

$$\boxed{} \div \boxed{} = \boxed{}$$

답 자동차가 1 km를 가는 데 필요한 휘발유는 $\boxed{}$ L입니다.

• 3단원 테스트 후 맞힌 개수에 따라 아래와 같이 공부하세요.

맞힌 개수	0~30개	31~38개	39~43개
공부 방법	소수의 나눗셈에 대한 이해가 부족해요. 11~19회를 다시 공부해요.	소수의 나눗셈에 대해 이해는 하고 있으나 좀 더 연습이 필요해요.	계산 실수하지 않도록 집중하여 틀린 문제를 확인해요.

4

비와 비율

개념 미리보기

4. 비와 비율

21회 **1** **비로 나타내기**

◆ **비**: 두 수를 나눗셈으로 비교하기 위해 기호 :을 사용하여 나타낸 것

쓰기 2 : 4   읽기 2 대 4   2의 4에 대한 비

사과 수┘ └딸기 수   2와 4의 비   4에 대한 2의 비

22~23회 **2** **비율로 나타내기**

◆ **비율**: 기준량에 대한 비교하는 양의 크기

(비교하는 양) : (기준량) ➔ (비율)＝(비교하는 양)÷(기준량)

└─── 비 ───┘

$$= \frac{(비교하는\ 양)}{(기준량)}$$

25~26회 **3** **백분율**

비율을 백분율로 나타낼 때는
비율에 100을 곱하고,
백분율을 비율로 나타낼 때는
백분율을 100으로 나누어요.

◆ **백분율**: 기준량을 100으로 할 때의 비율

• 비율: $\frac{64}{100}$ ➔ 쓰기 64 %   읽기 64 퍼센트

• (백분율)＝(비율)×100 ➔ $\frac{64}{100}$ × 100＝64 → 64 %

24회, 27회 **4** **비율 또는 백분율이 사용되는 경우 알아보기**

비율	[걸린 시간에 대한 간 거리의 비율] (빠르기)＝$\frac{(간\ 거리)}{(걸린\ 시간)}$	[땅의 넓이에 대한 인구의 비율] (인구 밀도)＝$\frac{(인구)}{(땅의\ 넓이)}$
백분율	[원래 가격에 대한 할인 금액의 비율] (할인율)＝$\frac{(할인\ 금액)}{(원래\ 가격)}$ × 100	[소금물 양에 대한 소금 양의 비율] (진하기)＝$\frac{(소금\ 양)}{(소금물\ 양)}$ × 100

21회  개념 비로 나타내기

두 수를 나눗셈으로 비교하기 위해 기호 :을 사용
하여 나타낸 것을 비라고 합니다.

나비 수와 잠자리 수의 비

→ 2 : **3** ─ 3은 기준이 되는 수예요.

비는 여러 가지 방법으로 읽을 수 있습니다.

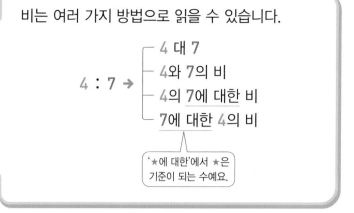

4 : 7 →
  ┌ 4 대 7
  ├ 4와 7의 비
  ├ 4의 7에 대한 비
  └ 7에 대한 4의 비

'★에 대한'에서 ★은
기준이 되는 수예요.

✦ 그림을 보고 비로 나타내세요.

1

치약 수와 칫솔 수의 비

→ ☐ : ☐

2

야구공 수와 축구공 수의 비

→ ☐ : ☐

3

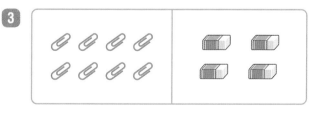

클립 수와 지우개 수의 비

→ ☐ : ☐

✦ 비를 2가지 방법으로 읽으려고 합니다. ☐ 안에 알맞
은 수를 써넣으세요.

4   5 : 6

☐ 대 ☐
☐의 ☐에 대한 비

5   8 : 3

☐과 ☐의 비
☐의 ☐에 대한 비

6   10 : 15

☐ 대 ☐
☐에 대한 ☐의 비

7   16 : 11

☐과 ☐의 비
☐에 대한 ☐의 비

4 단원

정답
14쪽

◈ 그림을 보고 전체에 대한 색칠한 부분의 비를 쓰세요.

8

　□ : □

9
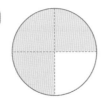
　□ : □

10
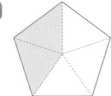
　□ : □

11
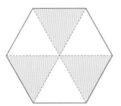
　□ : □

12
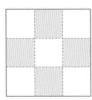
　□ : □

13
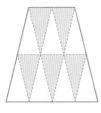
　□ : □

◈ 비로 나타내세요.

14 ① 4 대 5 → □ : □

② 3에 대한 7의 비 → □ : □

15 ① 4와 8의 비 → □ : □

② 9에 대한 2의 비 → □ : □

16 ① 7과 3의 비 → □ : □

② 4의 8에 대한 비 → □ : □

17 ① 9와 8의 비 → □ : □

② 6 대 5 → □ : □

18 ① 11의 14에 대한 비 → □ : □

② 4와 13의 비 → □ : □

19 ① 15의 26에 대한 비 → □ : □

② 18과 13의 비 → □ : □

20 ① 27에 대한 40의 비 → □ : □

② 21의 30에 대한 비 → □ : □

바둑돌을 보고 비로 나타내세요.

21

검은색 바둑돌 수와 흰색 바둑돌 수의 비

→ ☐ : ☐

전체 바둑돌 수와 검은색 바둑돌 수의 비

→ ☐ : ☐

22

검은색 바둑돌 수와 전체 바둑돌 수의 비

→ ☐ : ☐

전체 바둑돌 수에 대한 흰색 바둑돌 수의 비

→ ☐ : ☐

도형을 보고 비로 나타내세요.

23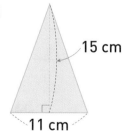

14 cm

9 cm

가로에 대한 세로의 비 → ☐ : ☐

24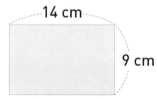

15 cm

11 cm

밑변에 대한 높이의 비 → ☐ : ☐

전체에 대한 색칠한 부분의 비가 주어진 비가 되도록 색칠하세요.

25

2 : 4

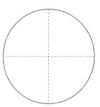

26

5 : 8

27

11 : 16

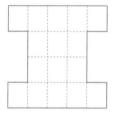

4단원

정답 14쪽

문장제 + 연산

28 유진이는 분홍색 머리띠 ☐4개☐, 노란색 머리띠 ☐5개☐를 가지고 있습니다. 유진이가 가지고 있는 노란색 머리띠 수의 전체 머리띠 수에 대한 비는 얼마일까요?

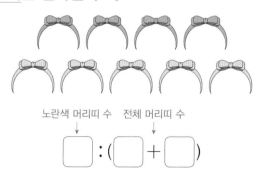

노란색 머리띠 수   전체 머리띠 수

↓   ↓

☐ : (☐ + ☐)

답 노란색 머리띠 수의 전체 머리띠 수에 대한

비는 ☐ : ☐ 입니다.

세 친구가 테이블 위에 올려진 음식의 개수를 비로 나타내는 놀이를 하고 있습니다. 나타낸 비가 다른 친구를 찾아 이름을 쓰세요.

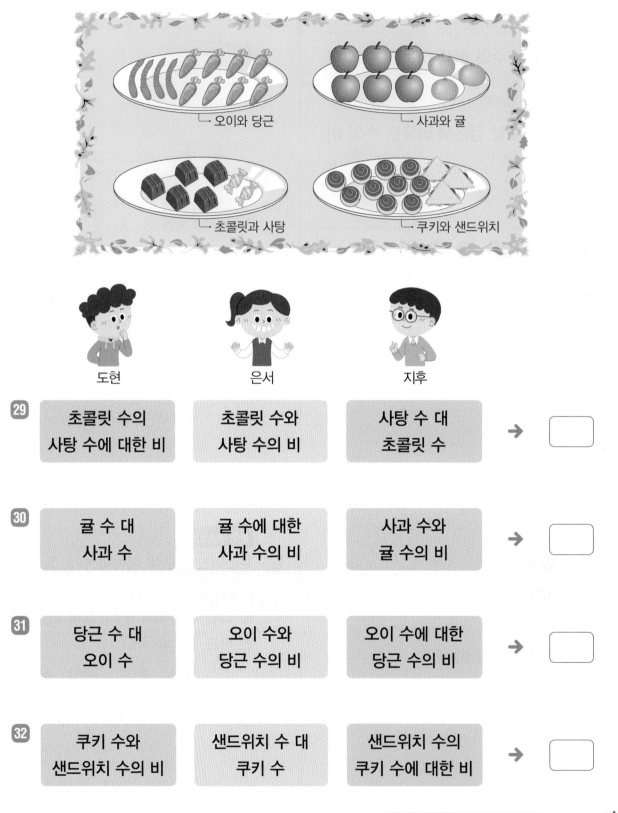

┌ 오이와 당근
┌ 사과와 귤
┌ 초콜릿과 사탕
┌ 쿠키와 샌드위치

도현   은서   지후

29

| 초콜릿 수의 사탕 수에 대한 비 | 초콜릿 수와 사탕 수의 비 | 사탕 수 대 초콜릿 수 | → ☐ |

30

| 귤 수 대 사과 수 | 귤 수에 대한 사과 수의 비 | 사과 수와 귤 수의 비 | → ☐ |

31

| 당근 수 대 오이 수 | 오이 수와 당근 수의 비 | 오이 수에 대한 당근 수의 비 | → ☐ |

32

| 쿠키 수와 샌드위치 수의 비 | 샌드위치 수 대 쿠키 수 | 샌드위치 수의 쿠키 수에 대한 비 | → ☐ |

실수한 것이 없는지 검토했나요?

예 ☐ , 아니요 ☐

22회 개념 비율을 분수로 나타내기

기호 :의 오른쪽에 있는 수가 기준량이고, 왼쪽에 있는 수가 비교하는 양입니다.

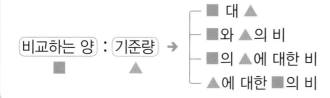

┌ ■ 대 ▲
├ ■와 ▲의 비
├ ■의 ▲에 대한 비
└ ▲에 대한 ■의 비

[비교하는 양] : [기준량]
　　　■　　　　▲

기준량에 대한 비교하는 양의 크기가 비율입니다.

(비율)＝(비교하는 양)÷(기준량)＝$\dfrac{(비교하는 양)}{(기준량)}$

$8 : 5 → 8 ÷ 5 = \dfrac{8}{5} \left(= 1\dfrac{3}{5} \right)$ 가분수 또는 대분수로 나타내요.

❖ 비에서 비교하는 양과 기준량을 각각 찾아 ◯ 안에 알맞은 수를 써넣으세요.

1　　　　3 대 7

→ 비교하는 양: ◻, 기준량: ◻

2　　　6의 3에 대한 비

→ 비교하는 양: ◻, 기준량: ◻

3　　　7과 5의 비

→ 비교하는 양: ◻, 기준량: ◻

4　　　2에 대한 9의 비

→ 비교하는 양: ◻, 기준량: ◻

5　　　13과 15의 비

→ 비교하는 양: ◻, 기준량: ◻

❖ 비율을 분수로 나타내세요.

6　1 : 4 → (비율)＝◻÷◻＝◻

7　3 : 5 → (비율)＝◻÷◻＝◻

8　4 : 7 → (비율)＝◻÷◻＝◻

9　6 : 11 → (비율)＝◻÷◻＝◻

10　9 : 4 → (비율)＝◻÷◻＝◻

11　10 : 7 → (비율)＝◻÷◻＝◻

12　14 : 9 → (비율)＝◻÷◻＝◻

4 단원
정답 14쪽

❖ 비율을 분수로 나타내세요.

13 ① | 2와 5의 비 | → (   )

② | 2와 7의 비 | → (   )

14 ① | 4 대 3 | → (   )

② | 4 대 5 | → (   )

15 ① | 5와 6의 비 | → (   )

② | 5와 9의 비 | → (   )

16 ① | 9 대 5 | → (   )

② | 9 대 11 | → (   )

17 ① | 10과 3의 비 | → (   )

② | 10과 13의 비 | → (   )

18 ① | 12 대 5 | → (   )

② | 12 대 13 | → (   )

19 ① | 18과 11의 비 | → (   )

② | 18과 19의 비 | → (   )

❖ 비율을 분수로 나타내세요.

20 ① | 5에 대한 3의 비 | → (   )

② | 8에 대한 3의 비 | → (   )

21 ① | 4의 5에 대한 비 | → (   )

② | 12의 5에 대한 비 | → (   )

22 ① | 7에 대한 6의 비 | → (   )

② | 13에 대한 6의 비 | → (   )

23 ① | 5의 8에 대한 비 | → (   )

② | 11의 8에 대한 비 | → (   )

24 ① | 7에 대한 9의 비 | → (   )

② | 10에 대한 9의 비 | → (   )

25 ① | 11의 12에 대한 비 | → (   )

② | 17의 12에 대한 비 | → (   )

26 ① | 12에 대한 19의 비 | → (   )

② | 20에 대한 19의 비 | → (   )

◆ 비를 쓰고, 비율을 분수로 나타내세요.

27

7과 6의 비	
비	분수

28

8의 11에 대한 비	
비	분수

29

14에 대한 9의 비	
비	분수

◆ 그림을 보고 전체에 대한 색칠한 부분의 비율을 분수로 나타내세요.

30
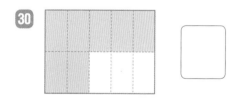

31
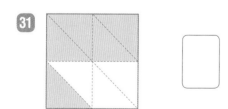

32
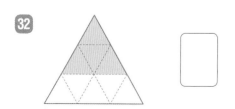

◆ 직사각형에서 가로에 대한 세로의 비율을 분수로 나타내세요.

33
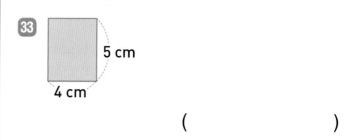
5 cm
4 cm

( )

34
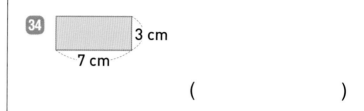
3 cm
7 cm

( )

35
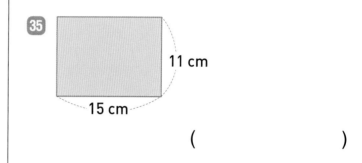
11 cm
15 cm

( )

문장제 + 연산

36 경준이는 수학 시험에서 20문제 중 17문제 를 맞혔습니다. 전체 문제 수에 대한 맞힌 문제 수의 비율을 분수로 나타내세요.

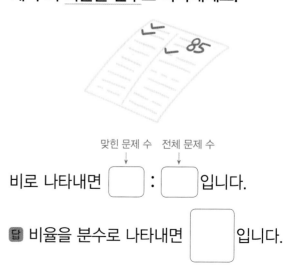

맞힌 문제 수   전체 문제 수
↓   ↓

비로 나타내면 ☐ : ☐ 입니다.

답 비율을 분수로 나타내면 ☐ 입니다.

◈ 문구점에 있는 학용품 수를 나타낸 것입니다. 그림을 보고 비를 쓴 후 비율을 분수로 나타내세요.

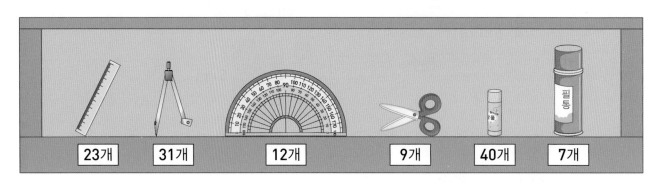

| 23개 | 31개 | 12개 | 9개 | 40개 | 7개 |

37

✂🧷 수와 📐 수의 비

☐ : ☐ → ☐

38

📐 수 대 📏 수

☐ : ☐ → ☐

39

✂🧷 수의 📌 수에 대한 비

☐ : ☐ → ☐

40

📌 수에 대한 필통 수의 비

☐ : ☐ → ☐

41

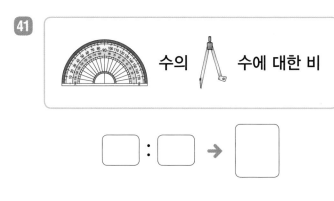

📐 수의 수에 대한 비

☐ : ☐ → ☐

42

📏 수에 대한 필통 수의 비

☐ : ☐ → ☐

23회 개념 비율을 소수로 나타내기

비를 분모가 10, 100, 1000인 분수로 나타낸 다음 소수로 나타냅니다.

분모가 10인 경우	분모가 100인 경우	분모가 1000인 경우
$1:5 \rightarrow \dfrac{1}{5} = \dfrac{2}{10} = 0.2$ $(\times 2)$	$11:20 \rightarrow \dfrac{11}{20} = \dfrac{55}{100} = 0.55$ $(\times 5)$	$3:8 \rightarrow \dfrac{3}{8} = \dfrac{375}{1000} = 0.375$ $(\times 125)$

⬥ 비를 분모가 10, 100, 1000인 분수로 나타낸 다음 소수로 나타내세요.

1 1 : 2

$\rightarrow$ (비율)$= \dfrac{1}{2} = \dfrac{\square}{10} = \square$

2 4 : 5

$\rightarrow$ (비율)$= \dfrac{\square}{5} = \dfrac{\square}{10} = \square$

3 7 : 20

$\rightarrow$ (비율)$= \dfrac{\square}{20} = \dfrac{\square}{100} = \square$

4 12 : 8

$\rightarrow$ (비율)$= \dfrac{\square}{8} = \dfrac{\square}{1000} = \square$

⬥ 비를 분모가 10, 100, 1000인 분수로 나타낸 다음 소수로 나타내세요.

5 7 : 5

$\rightarrow$ (비율)$= \dfrac{\square}{5} = \dfrac{\square}{10} = \square$

6 3 : 4

$\rightarrow$ (비율)$= \dfrac{\square}{4} = \dfrac{\square}{100} = \square$

7 12 : 25

$\rightarrow$ (비율)$= \dfrac{\square}{25} = \dfrac{\square}{100} = \square$

8 7 : 8

$\rightarrow$ (비율)$= \dfrac{\square}{8} = \dfrac{\square}{1000} = \square$

4 단원

정답 15쪽

비율을 소수로 나타내세요.

9 ① 1과 4의 비 → ( )

② 1과 10의 비 → ( )

10 ① 5 대 8 → ( )

② 5 대 10 → ( )

11 ① 7과 10의 비 → ( )

② 7과 20의 비 → ( )

12 ① 9 대 6 → ( )

② 9 대 15 → ( )

13 ① 10과 8의 비 → ( )

② 10과 20의 비 → ( )

14 ① 12 대 5 → ( )

② 12 대 15 → ( )

15 ① 15와 10의 비 → ( )

② 15와 25의 비 → ( )

비율을 소수로 나타내세요.

16 ① 5에 대한 2의 비 → ( )

② 8에 대한 2의 비 → ( )

17 ① 3의 4에 대한 비 → ( )

② 6의 4에 대한 비 → ( )

18 ① 8에 대한 5의 비 → ( )

② 10에 대한 5의 비 → ( )

19 ① 4의 8에 대한 비 → ( )

② 11의 8에 대한 비 → ( )

20 ① 4에 대한 9의 비 → ( )

② 12에 대한 9의 비 → ( )

21 ① 9의 10에 대한 비 → ( )

② 12의 10에 대한 비 → ( )

22 ① 5에 대한 14의 비 → ( )

② 16에 대한 14의 비 → ( )

◆ 비를 쓰고, 비율을 소수로 나타내세요.

23
5와 4의 비	
비	소수

24
10에 대한 8의 비	
비	소수

25
17의 10에 대한 비	
비	소수

◆ 그림을 보고 전체에 대한 색칠한 부분의 비율을 소수로 나타내세요.

26
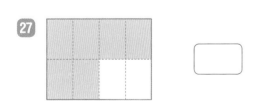

27
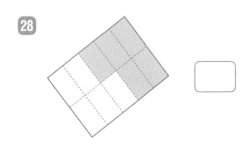

28
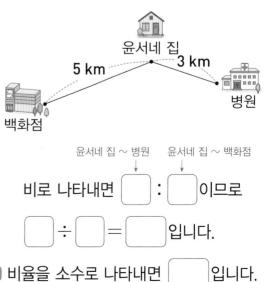

◆ 비율을 소수로 나타냈을 때 더 큰 것에 색칠하세요.

29
2의 5에 대한 비	10에 대한 5의 비

30
7 대 5	2에 대한 3의 비

31
9와 5의 비	10 대 8

32
16의 20에 대한 비	9와 10의 비

33
25에 대한 3의 비	2 대 40

문장제 + 연산

34 윤서네 집에서 백화점까지의 거리에 대한 윤서네 집에서 병원까지의 거리의 비율을 소수로 나타내세요.

윤서네 집
5 km   3 km
백화점   병원

윤서네 집 ~ 병원   윤서네 집 ~ 백화점

비로 나타내면 ☐ : ☐ 이므로

☐ ÷ ☐ = ☐ 입니다.

답 비율을 소수로 나타내면 ☐ 입니다.

4단원
정답 16쪽

◆ 화단의 길이를 보고 비를 쓴 후 비율을 소수로 나타내세요.

35 가로와 세로의 비

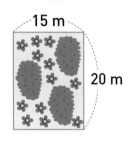
15 m
20 m

□ : □ → □

36 세로의 가로에 대한 비

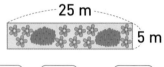
25 m
5 m

□ : □ → □

37 가로에 대한 세로의 비

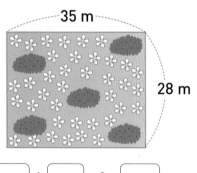
35 m
28 m

□ : □ → □

38 가로 대 세로의 비

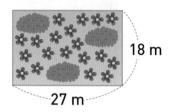
18 m
27 m

□ : □ → □

39 세로에 대한 가로의 비

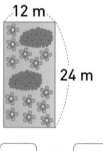
12 m
24 m

□ : □ → □

40 가로의 세로에 대한 비

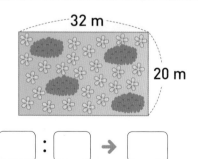
32 m
20 m

□ : □ → □

실수한 것이 없는지 검토했나요?

예 □ , 아니요 □

24회 개념 비율이 사용되는 경우 알아보기

빠르기는 걸린 시간에 대한 간 거리의 비율입니다.

기준량 　　　 비교하는 양

간 거리: 280 km
걸린 시간: 4시간

$$(빠르기)=\frac{(간\ 거리)}{(걸린\ 시간)}=\frac{280}{4}=70$$

인구 밀도는 땅의 넓이에 대한 인구의 비율입니다.

기준량 　　　 비교하는 양

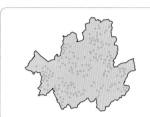

인구: 2000명
땅의 넓이: 5 km²

$$(인구\ 밀도)=\frac{(인구)}{(땅의\ 넓이)}=\frac{2000}{5}=400$$

◈ 걸린 시간에 대한 간 거리의 비율을 구하세요.

1 간 거리: 250 km, 걸린 시간: 5시간

$$\frac{\boxed{}}{5}=\boxed{}$$

2 간 거리: 360 km, 걸린 시간: 6시간

$$\frac{\boxed{}}{\boxed{}}=\boxed{}$$

3 간 거리: 490 km, 걸린 시간: 7시간

$$\frac{\boxed{}}{\boxed{}}=\boxed{}$$

4 간 거리: 600 km, 걸린 시간: 8시간

$$\frac{\boxed{}}{\boxed{}}=\boxed{}$$

◈ 땅의 넓이에 대한 인구의 비율을 구하세요.

5 인구: 420명, 땅의 넓이: 3 km²

$$\frac{\boxed{}}{3}=\boxed{}$$

6 인구: 750명, 땅의 넓이: 5 km²

$$\frac{\boxed{}}{\boxed{}}=\boxed{}$$

7 인구: 1260명, 땅의 넓이: 6 km²

$$\frac{\boxed{}}{\boxed{}}=\boxed{}$$

8 인구: 1870명, 땅의 넓이: 11 km²

$$\frac{\boxed{}}{\boxed{}}=\boxed{}$$

4 단원

정답
16쪽

◆ 걸린 시간에 대한 간 거리의 비율을 구하세요.

9

간 거리(km)	140	140
걸린 시간(시간)	2	5
비율		

10

간 거리(km)	270	270
걸린 시간(시간)	3	6
비율		

11

간 거리(km)	300	300
걸린 시간(시간)	4	6
비율		

12

간 거리(km)	380	380
걸린 시간(시간)	5	10
비율		

13

간 거리(km)	450	450
걸린 시간(시간)	6	9
비율		

14

간 거리(km)	560	560
걸린 시간(시간)	4	7
비율		

◆ 땅의 넓이에 대한 인구의 비율을 구하세요.

15

인구(명)	2000	2400
땅의 넓이(km^2)	4	4
비율		

16

인구(명)	6300	9100
땅의 넓이(km^2)	7	7
비율		

17

인구(명)	6400	8800
땅의 넓이(km^2)	8	8
비율		

18

인구(명)	5400	6000
땅의 넓이(km^2)	10	10
비율		

19

인구(명)	5200	7800
땅의 넓이(km^2)	13	13
비율		

20

인구(명)	12000	15000
땅의 넓이(km^2)	15	15
비율		

❖ 운송 수단의 빠르기를 구하려고 합니다. ☐ 안에 알맞은 수를 써넣으세요.

21 자전거는 10시간 동안 240 km를 이동했습니다.

자전거의 빠르기: ☐

22 버스는 4시간 동안 312 km를 이동했습니다.

버스의 빠르기: ☐

23 자동차는 6시간 동안 486 km를 이동했습니다.

자동차의 빠르기: ☐

❖ 지역의 인구 밀도를 구하려고 합니다. ☐ 안에 알맞은 수를 써넣으세요.

24 가 지역의 땅의 넓이는 8 km²이고, 2400명이 살고 있습니다.

가 지역의 인구 밀도: ☐

25 나 지역의 땅의 넓이는 13 km²이고, 6500명이 살고 있습니다.

나 지역의 인구 밀도: ☐

26 다 지역의 땅의 넓이는 20 km²이고, 8400명이 살고 있습니다.

다 지역의 인구 밀도: ☐

❖ 땅의 넓이와 인구를 나타낸 것입니다. 인구 밀도가 더 낮은 곳에 ○표 하세요.

27

4 km²에 인구 540명	2 km²에 인구 320명
( )	( )

28

7 km²에 인구 2800명	11 km²에 인구 3960명
( )	( )

29

16 km²에 인구 8400명	8 km²에 인구 4080명
( )	( )

문장제 + 연산

30 320 km 를 가는 데 4시간 이 걸리는 버스가 있습니다. 이 버스의 빠르기는 얼마일까요?

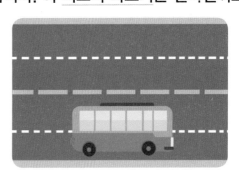

간 거리 → ☐
──────── = ☐
걸린 시간 → ☐

답 버스의 빠르기는 ☐ 입니다.

4 단원 정답 16쪽

◈ 동물의 빠르기를 각각 구하고, 더 빠른 동물을 쓰세요.

③¹

동물	사자	타조
걸린 시간(초)	25	30
간 거리(m)	400	600
빠르기		

(   )

③³

동물	하마	기린
걸린 시간(분)	7	4
간 거리(m)	4900	3000
빠르기		

(   )

③²

동물	사슴	코끼리
걸린 시간(초)	14	30
간 거리(m)	210	330
빠르기		

(   )

③⁴

동물	토끼	말
걸린 시간(시간)	2	3
간 거리(km)	110	210
빠르기		

(   )

실수한 것이 없는지 검토했나요?

예 ☐ , 아니요 ☐

25회 개념 비율을 백분율로 나타내기

기준량을 100으로 할 때의 비율을 백분율이라고 합니다.

비율   백분율

그대로 이동해요.

$\dfrac{35}{100}$ → 쓰기 35 %

읽기 35 퍼센트

비율에 100을 곱해서 나온 값에 기호 %를 붙입니다.

◆ 분수를 백분율로 나타내기

$$(비율) \times 100 = \dfrac{3}{5} \times \overset{20}{100} = 60 \rightarrow 60 \%$$

◆ 소수를 백분율로 나타내기

소수점을 오른쪽으로 2번 옮겨서 구할 수도 있어요.

$$(비율) \times 100 = 0.42 \times 100 = 42 \rightarrow 42 \%$$

◈ 그림을 보고 전체에 대한 색칠한 부분의 비율을 백분율로 나타내세요.

1 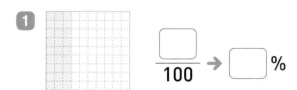 $\dfrac{\boxed{}}{100}$ → $\boxed{}$ %

2 $\dfrac{\boxed{}}{100}$ → $\boxed{}$ %

3 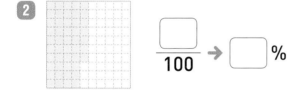 $\dfrac{\boxed{}}{100}$ → $\boxed{}$ %

4 $\dfrac{\boxed{}}{100}$ → $\boxed{}$ %

◈ 비율을 백분율로 나타내세요.

5 $\dfrac{1}{4}$ $\dfrac{1}{4} \times 100 = \boxed{}$ → $\boxed{}$ %

6 $\dfrac{7}{10}$ $\dfrac{7}{10} \times 100 = \boxed{}$ → $\boxed{}$ %

7 $\dfrac{8}{25}$ $\dfrac{8}{25} \times 100 = \boxed{}$ → $\boxed{}$ %

8 $\dfrac{33}{50}$ $\dfrac{33}{50} \times 100 = \boxed{}$ → $\boxed{}$ %

9 0.28 $0.28 \times 100 = \boxed{}$ → $\boxed{}$ %

10 0.59 $0.59 \times 100 = \boxed{}$ → $\boxed{}$ %

11 0.94 $0.94 \times 100 = \boxed{}$ → $\boxed{}$ %

4 단원

정답 16쪽

◆ 분수를 백분율로 나타내세요.

12 ① $\dfrac{3}{4}$ → (　　　　　　　)

② $\dfrac{5}{4}$ → (　　　　　　　)

13 ① $\dfrac{1}{5}$ → (　　　　　　　)

② $\dfrac{7}{5}$ → (　　　　　　　)

14 ① $\dfrac{3}{10}$ → (　　　　　　　)

② $\dfrac{11}{10}$ → (　　　　　　　)

15 ① $\dfrac{7}{20}$ → (　　　　　　　)

② $\dfrac{23}{20}$ → (　　　　　　　)

16 ① $\dfrac{4}{25}$ → (　　　　　　　)

② $\dfrac{32}{25}$ → (　　　　　　　)

◆ 소수를 백분율로 나타내세요.

17 ① 0.01 → (　　　　　　　)

② 1.01 → (　　　　　　　)

18 ① 0.06 → (　　　　　　　)

② 1.06 → (　　　　　　　)

19 ① 0.4 → (　　　　　　　)

② 1.2 → (　　　　　　　)

20 ① 0.71 → (　　　　　　　)

② 1.74 → (　　　　　　　)

21 ① 0.9 → (　　　　　　　)

② 2.35 → (　　　　　　　)

22 ① 0.82 → (　　　　　　　)

② 3.86 → (　　　　　　　)

◆ 관계있는 것끼리 선으로 이으세요.

23

$\frac{1}{2}$ ·   · 30 %

0.3 ·   · 50 %

$\frac{3}{5}$ ·   · 60 %

24

0.22 ·   · 32 %

$\frac{11}{5}$ ·   · 22 %

0.32 ·   · 220 %

◆ 빈칸에 알맞은 수를 써넣으세요.

25

분수	소수	백분율(%)
$\frac{7}{4}$		

26

분수	소수	백분율(%)
$\frac{29}{50}$		

27

분수	소수	백분율(%)
$\frac{67}{100}$		

◆ 그림을 보고 전체에 대한 색칠한 부분의 비율을 백분율로 나타내세요.

28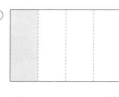

① (   ) ② (   )

29

① (   ) ② (   )

30

① (   ) ② (   )

 문장제 + 연산

31 마라톤에 참가한 학생 200명 중 완주한 학생은 120명 입니다. 마라톤에 참가한 학생 수에 대한 완주한 학생 수의 비율은 몇 %일까요?

완주한 학생 수 → $\dfrac{\boxed{}}{\boxed{}}$ × $\boxed{}$ = $\boxed{}$
참가한 학생 수 →

답 마라톤에 참가한 학생 수에 대한 완주한 학생 수의 비율은 $\boxed{}$ %입니다.

4 단원
정답 17쪽

방과후 요리 수업을 신청한 학생 40명이 좋아하는 음식을 조사하였습니다. 조사한 자료를 보고 전체 학생 수에 대한 각 음식을 좋아하는 학생 수의 비율을 백분율로 나타내세요.

좋아하는 음식

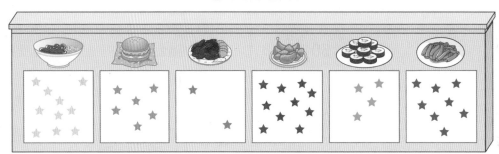

32

좋아하는 학생 수: ☐ 명

$$\frac{\Box}{40} \times 100 = \Box \rightarrow \Box \,\%$$

33

좋아하는 학생 수: ☐ 명

$$\Box \times 100 = \Box \rightarrow \Box \,\%$$

34

좋아하는 학생 수: ☐ 명

$$\Box \times 100 = \Box \rightarrow \Box \,\%$$

35

좋아하는 학생 수: ☐ 명

$$\Box \times 100 = \Box \rightarrow \Box \,\%$$

36

좋아하는 학생 수: ☐ 명

$$\Box \times 100 = \Box \rightarrow \Box \,\%$$

37

좋아하는 학생 수: ☐ 명

$$\Box \times 100 = \Box \rightarrow \Box \,\%$$

실수한 것이 없는지 검토했나요?

예 ☐ , 아니요 ☐

26회 개념 백분율을 비율로 나타내기

백분율에서 기호 %를 빼고 **100으로 나누어** 분수로 나타냅니다.

기약분수로 나타낼 수 있어요.

$$36\% \rightarrow 36 \div 100 = \frac{36}{100}\left(=\frac{9}{25}\right)$$

백분율에서 기호 %를 빼고 **100으로 나누어** 소수로 나타냅니다.

소수점을 왼쪽으로 2번 옮겨요.

$$48\% \rightarrow 48 \div 100 = 0.48$$

◆ 백분율을 기약분수로 나타내세요.

1 12 % $12 \div 100 = \dfrac{\square}{100} = \dfrac{\square}{\square}$

2 30 % $30 \div 100 = \dfrac{\square}{100} = \dfrac{\square}{\square}$

3 44 % $44 \div 100 = \dfrac{\square}{100} = \dfrac{\square}{\square}$

4 50 % $50 \div 100 = \dfrac{\square}{100} = \dfrac{\square}{\square}$

5 65 % $65 \div 100 = \dfrac{\square}{100} = \dfrac{\square}{\square}$

6 80 % $80 \div 100 = \dfrac{\square}{100} = \dfrac{\square}{\square}$

◆ 백분율을 소수로 나타내세요.

7 7 % $7 \div 100 = \boxed{}$

8 18 % $18 \div 100 = \boxed{}$

9 31 % $31 \div 100 = \boxed{}$

10 45 % $45 \div 100 = \boxed{}$

11 63 % $63 \div 100 = \boxed{}$

12 72 % $72 \div 100 = \boxed{}$

13 84 % $84 \div 100 = \boxed{}$

4 단원

정답 17쪽

◈ 백분율을 기약분수와 소수로 각각 나타내세요.

14 1 %

분수	소수

15 6 %

분수	소수

16 15 %

분수	소수

17 20 %

분수	소수

18 48 %

분수	소수

19 73 %

분수	소수

◈ 백분율을 기약분수와 소수로 각각 나타내세요.

20 102 %

분수	소수

21 139 %

분수	소수

22 170 %

분수	소수

23 205 %

분수	소수

24 240 %

분수	소수

25 290 %

분수	소수

◆ 왼쪽 백분율과 비율이 같은 것을 모두 찾아 ◯표 하세요.

26  2 %

0.2	$\dfrac{1}{50}$
0.02	$\dfrac{1}{20}$

27  25 %

0.25	$\dfrac{1}{5}$
2.5	$\dfrac{1}{4}$

28 150 %

0.15	$\dfrac{3}{2}$
1.5	$\dfrac{5}{2}$

◆ 백분율을 분수로 나타내고, 분수만큼 색칠하세요.

29 $25\% \rightarrow \dfrac{\Box}{8} \rightarrow$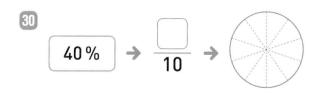

30 $40\% \rightarrow \dfrac{\Box}{10} \rightarrow$

31 $75\% \rightarrow \dfrac{\Box}{16} \rightarrow$

◆ 비율의 크기를 비교하여 ◯ 안에 >, =, <를 알맞게 써넣으세요.

32 24% ◯ 0.19

33 0.61 ◯ 70%

34 0.3 ◯ 28%

35 60% ◯ $\dfrac{3}{5}$

36 $\dfrac{7}{10}$ ◯ 80%

37 어느 공장에서 어제 만든 전체 인형 수에 대한 불량품 수의 비율이 9 % 였다고 합니다. 이 비율을 분수와 소수로 각각 나타내세요.

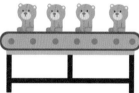

[분수] $9\% \rightarrow \Box \div \Box = \Box$

[소수] $9\% \rightarrow \Box \div \Box = \Box$

🅐 비율을 분수로 나타내면 $\Box$, 소수로

나타내면 $\Box$ 입니다.

4단원

정답 17쪽

◆ 전체 밭의 넓이에 대한 채소를 심을 밭의 넓이를 백분율로 나타냈습니다. 백분율을 분수로 나타내고, 채소를 심을 밭의 넓이만큼 바르게 색칠한 것에 ○표 하세요.

38 🥒 → 40 % → $\dfrac{}{5}$

( )   ( )

40 🌶 → 25 % → $\dfrac{}{4}$

( )   ( )

39 🥕 → 70 % → $\dfrac{}{10}$

( )   ( )

41 🥬 → 85 % → $\dfrac{}{20}$

( )   ( )

 실수한 것이 없는지 검토했나요?

예 [ ] , 아니요 [ ]

27회 개념 백분율이 사용되는 경우 알아보기

<u>할인율</u>은 <u>원래 가격</u>에 대한 <u>할인 금액</u>의 비율입니다.

    기준량   비교하는 양

┌ 할인 금액: 300원
└ 원래 가격: 1000원

$$(할인율)=\frac{(할인\ 금액)}{(원래\ 가격)}\times 100$$

$$=\frac{300}{1000}\times 100=30 \rightarrow 30\%$$

<u>진하기</u>는 <u>소금물 양</u>에 대한 <u>소금 양</u>의 비율입니다.

    기준량   비교하는 양

물   소금 30 g   소금물 200 g

$$(진하기)=\frac{(소금\ 양)}{(소금물\ 양)}\times 100$$

$$=\frac{30}{200}\times 100=15 \rightarrow 15\%$$

◆ 원래 가격에 대한 할인 금액의 비율은 몇 %인지 구하세요.

1 할인 금액: 100원, 원래 가격: 1000원

$$\frac{\boxed{}}{1000}\times 100=\boxed{} \rightarrow \boxed{}\ \%$$

2 할인 금액: 300원, 원래 가격: 1500원

$$\frac{\boxed{}}{1500}\times 100=\boxed{} \rightarrow \boxed{}\ \%$$

3 할인 금액: 600원, 원래 가격: 2400원

$$\frac{\boxed{}}{2400}\times 100=\boxed{} \rightarrow \boxed{}\ \%$$

4 할인 금액: 1400원, 원래 가격: 3500원

$$\frac{\boxed{}}{3500}\times 100=\boxed{} \rightarrow \boxed{}\ \%$$

◆ 소금물 양에 대한 소금 양의 비율은 몇 %인지 구하세요.

5 소금: 20 g, 소금물: 400 g

$$\frac{\boxed{}}{400}\times 100=\boxed{} \rightarrow \boxed{}\ \%$$

6 소금: 75 g, 소금물: 500 g

$$\frac{\boxed{}}{500}\times 100=\boxed{} \rightarrow \boxed{}\ \%$$

7 소금: 250 g, 소금물: 1000 g

$$\frac{\boxed{}}{1000}\times 100=\boxed{} \rightarrow \boxed{}\ \%$$

8 소금: 360 g, 소금물: 1200 g

$$\frac{\boxed{}}{1200}\times 100=\boxed{} \rightarrow \boxed{}\ \%$$

정답 18쪽

◆ 원래 가격에 대한 할인 금액의 비율은 몇 %인지 구하세요.

9

할인 금액(원)	100	100
원래 가격(원)	500	800
할인율(%)		

10

할인 금액(원)	300	300
원래 가격(원)	600	1200
할인율(%)		

11

할인 금액(원)	800	800
원래 가격(원)	2000	3200
할인율(%)		

12

할인 금액(원)	1500	1500
원래 가격(원)	4000	5000
할인율(%)		

13

할인 금액(원)	2400	2400
원래 가격(원)	4000	6000
할인율(%)		

14

할인 금액(원)	3000	3000
원래 가격(원)	10000	12000
할인율(%)		

◆ 설탕물 양에 대한 설탕 양의 비율은 몇 %인지 구하세요.

15

설탕(g)	20	30
설탕물(g)	200	200
진하기(%)		

16

설탕(g)	40	60
설탕물(g)	500	500
진하기(%)		

17

설탕(g)	200	350
설탕물(g)	1000	1000
진하기(%)		

18

설탕(g)	80	200
설탕물(g)	1600	1600
진하기(%)		

19

설탕(g)	200	500
설탕물(g)	2500	2500
진하기(%)		

20

설탕(g)	400	600
설탕물(g)	4000	4000
진하기(%)		

❖ 학용품의 할인율은 몇 %인지 구하려고 합니다. ☐ 안에 알맞은 수를 써넣으세요.

21

> 1500원짜리 자를 300원 할인해서 판매하고 있습니다.

자의 할인율: ☐ %

22

> 2000원짜리 수첩을 200원 할인해서 판매하고 있습니다.

수첩의 할인율: ☐ %

23

> 5000원짜리 필통을 750원 할인해서 판매하고 있습니다.

필통의 할인율: ☐ %

❖ 주스의 진하기는 몇 %인지 구하려고 합니다. ☐ 안에 알맞은 수를 써넣으세요.

24

> 포도 원액 20 mL를 넣어서 포도주스 400 mL를 만들었습니다.

포도주스의 진하기: ☐ %

25

> 매실 원액 180 mL를 넣어서 매실주스 900 mL를 만들었습니다.

매실주스의 진하기: ☐ %

26

> 사과 원액 500 mL를 넣어서 사과주스 2000 mL를 만들었습니다.

사과주스의 진하기: ☐ %

❖ 소금물이 더 진한 것에 ○표 하세요.

27

소금 24 g
소금물 80 g
(   )

소금 15 g
소금물 60 g
(   )

28

소금 14 g
소금물 100 g
(   )

소금 30 g
소금물 250 g
(   )

29

소금 48 g
소금물 300 g
(   )

소금 80 g
소금물 400 g
(   )

문장제 + 연산

30 수지는 흰색 물감 [300 mL]에 빨간색 물감 [12 mL]를 섞어서 분홍색 물감을 만들었습니다. 이 분홍색 물감에서 흰색 물감 양에 대한 빨간색 물감 양의 비율은 몇 %일까요?

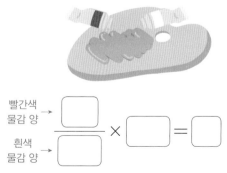

빨간색 물감 양 → $\dfrac{\boxed{}}{\boxed{}}$ 흰색 물감 양 $\times \boxed{} = \boxed{}$

답 흰색 물감 양에 대한 빨간색 물감 양의 비율은 ☐ %입니다.

4 단원

정답 18쪽

마트에서 물건을 다음과 같이 할인하여 판매하고 있습니다. 물건의 할인율은 원래 가격에 대한 할인 금액의 비율입니다. 각 물건의 할인율은 몇 %인지 구하세요.

31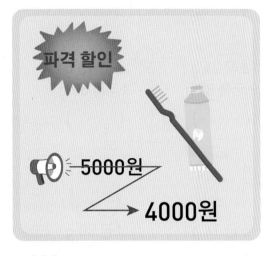

$$\frac{1000}{5000} \times 100 = \boxed{} \rightarrow \boxed{} \%$$

33

$$\frac{\boxed{}}{\boxed{}} \times \boxed{} = \boxed{} \rightarrow \boxed{} \%$$

32

$$\frac{\boxed{}}{\boxed{}} \times \boxed{} = \boxed{} \rightarrow \boxed{} \%$$

34
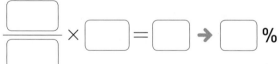

$$\frac{\boxed{}}{\boxed{}} \times \boxed{} = \boxed{} \rightarrow \boxed{} \%$$

실수한 것이 없는지 검토했나요?

예 ☐ , 아니요 ☐

 **테스트 4. 비와 비율**

✦ 비로 나타내세요.

1 ① 6 대 5 → ☐ : ☐

② 3과 16의 비 → ☐ : ☐

2 ① 8의 19에 대한 비 → ☐ : ☐

② 7 대 3 → ☐ : ☐

3 ① 10과 24의 비 → ☐ : ☐

② 9에 대한 4의 비 → ☐ : ☐

4 ① 14와 13의 비 → ☐ : ☐

② 20 대 2 → ☐ : ☐

5 ① 11에 대한 3의 비 → ☐ : ☐

② 5의 12에 대한 비 → ☐ : ☐

6 ① 20 대 30 → ☐ : ☐

② 6과 17의 비 → ☐ : ☐

7 ① 25에 대한 9의 비 → ☐ : ☐

② 21의 14에 대한 비 → ☐ : ☐

✦ 비율을 기약분수와 소수로 각각 나타내세요.

8

5에 대한 7의 비	
분수	소수

9

9와 10의 비	
분수	소수

10

12의 5에 대한 비	
분수	소수

11

13 대 20	
분수	소수

12

40에 대한 4의 비	
분수	소수

13

50과 200의 비	
분수	소수

4
단원

정답
18쪽

◈ 비율을 백분율로 나타내세요.

14 ① $\dfrac{1}{10}$ → (   )

② $\dfrac{11}{10}$ → (   )

15 ① 0.08 → (   )

② 1.8 → (   )

16 ① $\dfrac{13}{25}$ → (   )

② $\dfrac{28}{25}$ → (   )

17 ① 0.23 → (   )

② 1.23 → (   )

18 ① $\dfrac{31}{50}$ → (   )

② $\dfrac{73}{50}$ → (   )

19 ① 0.5 → (   )

② 3.5 → (   )

◈ 백분율을 기약분수와 소수로 각각 나타내세요.

20 7 %

분수	소수

21 32 %

분수	소수

22 70 %

분수	소수

23 120 %

분수	소수

24 250 %

분수	소수

25 375 %

분수	소수

◈ 비율을 소수로 나타냈을 때 더 큰 것에 색칠하세요.

26

| 2 대 10 | 20에 대한 3의 비 |

27

| 5에 대한 4의 비 | 15 대 30 |

28

| 12와 8의 비 | 6에 대한 15의 비 |

29

| 20의 25에 대한 비 | 7과 10의 비 |

30

| 8과 20의 비 | 12의 24에 대한 비 |

◈ 땅의 넓이와 인구를 나타낸 것입니다. 인구 밀도가 더 높은 곳에 ◯표 하세요.

31

| 5 km²에
인구 600명 | 2 km²에
인구 320명 |
| ( ) | ( ) |

32

| 7 km²에
인구 1050명 | 10 km²에
인구 1300명 |
| ( ) | ( ) |

33

| 12 km²에
인구 1920명 | 9 km²에
인구 1800명 |
| ( ) | ( ) |

◈ 백분율을 분수로 나타내고, 분수만큼 색칠하세요.

34

$$20\% \rightarrow \frac{\square}{10} \rightarrow$$

35

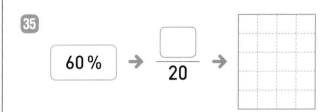

$$60\% \rightarrow \frac{\square}{20} \rightarrow$$

36

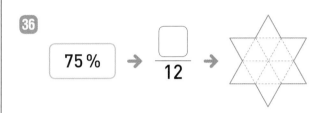

$$75\% \rightarrow \frac{\square}{12} \rightarrow$$

◈ 설탕물이 더 연한 것에 ◯표 하세요.

37

설탕 20 g
설탕물 100 g 설탕 45 g
설탕물 150 g

( )   ( )

38

설탕 30 g
설탕물 120 g 설탕 36 g
설탕물 180 g

( )   ( )

39

설탕 90 g
설탕물 360 g 설탕 70 g
설탕물 200 g

( )   ( )

◆ 문제를 읽고 답을 구하세요.

40 진식이는 빨간색 색연필 3자루, 초록색 색연필 4자루를 가지고 있습니다. 진식이가 가지고 있는 전체 색연필 수에 대한 초록색 색연필 수의 비는 얼마일까요?

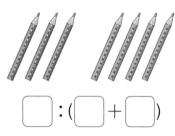

□ : (□ + □)

답 전체 색연필 수에 대한 초록색 색연필 수의 비는 □ : □ 입니다.

41 유미네 집에서 학교까지의 거리에 대한 유미네 집에서 우체국까지의 거리의 비율을 소수로 나타내세요.

유미네 집

8 km   6 km

학교   우체국

비로 나타내면 □ : □ 이므로

□ ÷ □ = □ 입니다.

답 비율을 소수로 나타내면 □ 입니다.

◆ 문제를 읽고 답을 구하세요.

42 경진이네 학교 6학년 학생 250명 중 안경을 쓴 학생은 100명입니다. 6학년 학생 수에 대한 안경을 쓴 학생 수의 비율은 몇 %일까요?

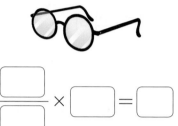

$\dfrac{□}{□}$ × □ = □

답 6학년 학생 수에 대한 안경을 쓴 학생 수의 비율은 □ %입니다.

43 지민이는 30000원짜리 케이크를 사는 데 할인 쿠폰을 사용하여 6000원을 할인받았습니다. 지민이가 산 케이크의 할인율은 몇 % 일까요?

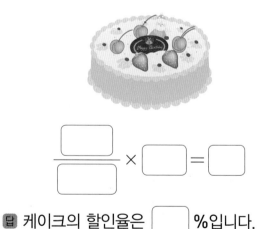

$\dfrac{□}{□}$ × □ = □

답 케이크의 할인율은 □ %입니다.

• 4단원 테스트 후 맞힌 개수에 따라 아래와 같이 공부하세요.

맞힌 개수	0~30개	31~38개	39~43개
공부 방법	비와 비율에 대한 이해가 부족해요. 21~27회를 다시 공부해요.	비와 비율에 대해 이해는 하고 있으나 좀 더 연습이 필요해요.	실수하지 않도록 집중하여 틀린 문제를 확인해요.

5

여러 가지 그래프

개념 미리보기

5. 여러 가지 그래프

29회 **1** **그림그래프**

◆ **그림그래프**: 조사한 수를 그림으로 나타낸 그래프

표는 정확한 수량을 알 수 있고, 그림그래프는 수량이 많고 적음을 쉽게 알 수 있어요.

목장별 우유 생산량

목장	생산량(L)
가	248
나	312
다	135

반올림하여 십의 자리까지 나타내기

어림값(L)

248 → 250

312 → 310

135 → 140

목장별 우유 생산량

가	나	다

🥛 100 L
🥛 10 L

• 우유 생산량이 가장 많은 목장은 🥛의 수가 가장 많은 **나** 목장입니다.

• 우유 생산량이 가장 적은 목장은 🥛의 수가 가장 적은 **다** 목장입니다.

30회 **2** **띠그래프**

◆ **띠그래프**: 전체에 대한 각 부분의 비율을 띠 모양에 나타낸 그래프

$\dfrac{\text{(항목별 수량)}}{\text{(전체 수량)}} \times 100$을 계산한 다음 기호 %를 붙여 백분율을 구할 수 있어요.

학예회 종목별 참가한 학생 수

종목	합창	연극	마술	합계
학생 수(명)	15	25	10	50
백분율(%)	30	50	20	(100)

백분율의 합계는 항상 100%예요.

학예회 종목별 참가한 학생 수

0 10 20 30 40 50 60 70 80 90 100 (%)

| 합창 (30 %) | 연극 (50 %) | 마술 (20 %) |

비율이 높을수록 띠에서 차지하는 부분의 길이가 깁니다.

➡ 연극(50 %) > 합창(30 %) > 마술(20 %)

비율이 가장 높은 항목

31회 **3** **원그래프**

◆ **원그래프**: 전체에 대한 각 부분의 비율을 원 모양에 나타낸 그래프

학급문고의 종류별 책 수

종류	위인전	동화책	과학책	합계
책 수(권)	40	70	90	200
백분율(%)	20	35	45	100

학급문고의 종류별 책 수

위인전 (20 %)
과학책 (45 %)
동화책 (35 %)

비율이 높을수록 원에서 차지하는 부분의 넓이가 넓습니다.

➡ 과학책(45 %) > 동화책(35 %) > 위인전(20 %)

비율이 가장 낮은 항목

29회 개념 그림그래프

각 항목별 수량이 필요한 그림의 개수를 구합니다.

반별 책 수

반	1반	2반	3반
책 수(권)	250	320	410

1반	2반	3반
100권 ↓ 10권	↓	↓
📕2개, 📗5개	📕3개, 📗2개	📕4개, 📗1개

큰 그림의 수가 많을수록, 큰 그림의 수가 같으면 작은 그림의 수가 많을수록 수량이 많습니다.

종류별 새 수

가장 많은 새는 비둘기예요.

가장 적은 새는 앵무새예요.

비둘기 / 참새 / 앵무새

🕊 10마리
🐦 1마리

표를 그림그래프로 나타낼 때 각 항목별 수량이 필요한 그림의 개수를 구하세요.

1 🚲은 10대, 🚲은 1대를 나타냅니다.

월별 자전거 판매량

월	5월	6월	7월
판매량(대)	45	71	64

① 5월: 🚲 ☐개, 🚲 ☐개

② 6월: 🚲 ☐개, 🚲 ☐개

③ 7월: 🚲 ☐개, 🚲 ☐개

2 🏫은 100개, 🏫은 10개를 나타냅니다.

지역별 학교 수

지역	가	나	다
학교 수(개)	230	160	340

① 가 지역: 🏫 ☐개, 🏫 ☐개

② 나 지역: 🏫 ☐개, 🏫 ☐개

③ 다 지역: 🏫 ☐개, 🏫 ☐개

그림그래프를 보고 ☐ 안에 알맞은 말을 써넣으세요.

3 혈액형별 학생 수

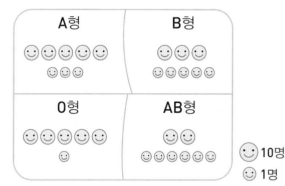

😊 10명
😊 1명

① 가장 많은 학생들의 혈액형: ☐

② 가장 적은 학생들의 혈액형: ☐

4 농장별 귤 생산량

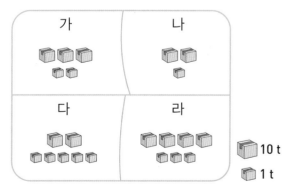

📦 10 t
📦 1 t

① 귤 생산량이 가장 많은 농장: ☐ 농장

② 귤 생산량이 가장 적은 농장: ☐ 농장

5
단원

정답
19쪽

✦ 그림그래프를 보고 표를 완성하세요.

5 동별 하루 쓰레기 배출량

동	배출량
301동	🗑🗑🗑🗑🗑🗑🗑🗑
302동	🗑🗑🗑🗑🗑
303동	🗑🗑🗑🗑🗑

🗑 100 kg
🗑 10 kg

동별 하루 쓰레기 배출량

동	301동	302동	303동
배출량(kg)	180		

6 요일별 놀이공원 입장객 수

요일	입장객 수
목	☺☺☺☺☺☺☺☺☺
금	☺☺☺☺☺☺
토	☺☺☺☺☺☺

☺ 1000명
☺ 100명

요일별 놀이공원 입장객 수

요일	목	금	토
입장객 수(명)			5100

7 지역별 쌀 생산량

지역	생산량
가	🌾🌾🌾🌾🌾🌾🌾🌾🌾🌾
나	🌾🌾🌾🌾🌾🌾🌾
다	🌾🌾🌾🌾🌾🌾

🌾 10만 t
🌾 1만 t

지역별 쌀 생산량

지역	가	나	다
생산량(만 t)		52	

✦ 표를 보고 그림그래프를 완성하세요.

8 마을별 사과 생산량

마을	별빛	초록	사랑
생산량(kg)	320	160	410

마을별 사과 생산량

마을	생산량
별빛	
초록	🍎🍎🍎🍎🍎🍎🍎
사랑	

🍎 100 kg
🍎 10 kg

9 지역별 병원 수

지역	가	나	다
병원 수(개)	1200	1800	2000

지역별 병원 수

지역	병원 수
가	➕➕➕➕
나	
다	

➕ 500개
➕ 100개

10 도서관별 책 수

도서관	자연	구름	매화
책 수(만 권)	21	34	16

도서관별 책 수

도서관	책 수
자연	
구름	
매화	⬜⬜⬜⬜⬜⬜⬜

⬜ 10만 권
⬜ 1만 권

그림그래프를 보고 전체 수량을 구하세요.

11 마을별 감자 생산량

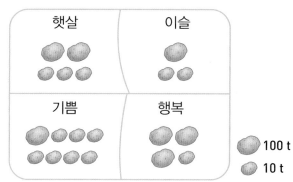

전체 감자 생산량: ☐ t

12 월별 축구공 생산량

전체 축구공 생산량: ☐ 개

13 지역별 자전거 이용자 수

전체 자전거 이용자 수: ☐ 만 명

그림그래프를 보고 강원 권역의 강수량을 구하세요.

14

전체 강수량: 11400 mm

권역별 강수량

권역	강수량
서울	💧💧💧💧💧
강원	
부산	💧💧💧💧💧💧💧
광주	💧💧💧💧💧💧

💧 1000 mm
💧 100 mm

강원 권역의 강수량: ☐ mm

문장제 + 연산

15 회사별 자동차 판매량을 조사하여 나타낸 그림그래프입니다. 자동차 판매량이 가장 많은 회사와 가장 적은 회사의 자동차 판매량의 차는 몇 대일까요?

회사별 자동차 판매량

🚗 10000대
🚗 1000대

가장 많은 판매량   가장 적은 판매량
↓   ↓

☐ − ☐ = ☐

답 자동차 판매량이 가장 많은 회사와 가장 적은 회사의 자동차 판매량의 차는 ☐ 대 입니다.

그림그래프를 보고 바르게 설명한 것을 모두 찾아 선으로 이으세요.

16

학년별 봉사활동 참가자 수

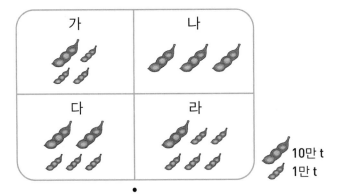

| 3학년 | 4학년 |
| 5학년 | 6학년 |

100명 · 50명 · 10명

| 4학년과 6학년의 봉사활동 참가자 수는 모두 500명입니다. | 4학년의 봉사활동 참가자 수는 290명입니다. | 봉사활동에 가장 적게 참가한 학년은 6학년입니다. | 5학년은 3학년보다 봉사활동 참가자 수가 60명 더 많습니다. |

17

지역별 콩 생산량

| 가 | 나 |
| 다 | 라 |

10만 t · 1만 t

| 가 지역의 콩 생산량은 13만 t입니다. | 콩을 가장 많이 생산한 지역은 라 지역입니다. | 나 지역은 다 지역보다 콩을 7만 t 더 많이 생산했습니다. | 가 지역과 라 지역은 콩을 모두 25만 t 생산했습니다. |

실수한 것이 없는지 검토했나요?

예 [ ], 아니요 [ ]

30회 개념 띠그래프

전체에 대한 각 부분의 비율을 띠 모양에 나타낸 그래프를 **띠그래프**라고 합니다.

> 축구를 좋아하는 학생은 전체의 45 %예요.

작은 눈금
한 칸: 5 %

좋아하는 운동별 학생 수

```
0  10  20  30  40  50  60  70  80  90  100 (%)
|   축구        |    배구      |   농구   |
|  (45 %)       |   (35 %)    |  (20 %)  |
```

> 배구 또는 농구를 좋아하는 학생은 35+20=55이므로 전체의 55 %예요.

각 항목의 백분율을 구한 후 띠그래프에 나타냅니다.

여행하고 싶은 도시별 학생 수

도시	부산	전주	강릉	합계
학생 수(명)	25	10	15	50

여행하고 싶은 도시별 학생 수

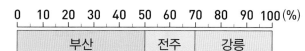

```
0  10  20  30  40  50  60  70  80  90  100 (%)
|      부산        |   전주   |   강릉   |
|     (50 %)      |  (20 %)  |  (30 %)  |
```

$$\frac{25}{50} \times 100 = 50 \rightarrow 50\%$$

✦ 띠그래프를 보고 ◯ 안에 알맞은 수를 써넣으세요.

1 **태어난 계절별 학생 수**

```
0  10  20  30  40  50  60  70  80  90  100 (%)
|    봄     | 여름  | 가을 | 겨울 |
|  (40 %)  |(20 %)|(25 %)|(15 %)|
```

① 여름에 태어난 학생은 전체의 ◯ % 입니다.

② 봄 또는 가을에 태어난 학생은 전체의 ◯ %입니다.

2 **가고 싶은 산별 학생 수**

```
0  10  20  30  40  50  60  70  80  90  100 (%)
|백두산| 한라산   | 설악산  |
|(20 %)| (40 %)  | (30 %) |
```
지리산(10 %)

① 백두산에 가고 싶은 학생은 전체의 ◯ %입니다.

② 한라산 또는 지리산에 가고 싶은 학생은 전체의 ◯ %입니다.

✦ 백분율을 구하여 표와 띠그래프를 완성하세요.

3 **은지의 색깔별 옷 수**

색깔	빨간색	흰색	파란색	합계
옷 수(벌)	10	6	4	20
백분율(%)	50			100

은지의 색깔별 옷 수

```
0  10  20  30  40  50  60  70  80  90  100 (%)
|    빨간색      |                        |
|   (50 %)      |                        |
```

4 **좋아하는 채소별 학생 수**

채소	시금치	호박	당근	합계
학생 수(명)	16	10	14	40
백분율(%)			35	

좋아하는 채소별 학생 수

```
0  10  20  30  40  50  60  70  80  90  100 (%)
|                              |  당근   |
|                              | (35 %) |
```

◆ 띠그래프를 보고 ⬚ 안에 알맞은 수나 말을 써넣으세요.

5 식품별 지출 금액

0 10 20 30 40 50 60 70 80 90 100 (%)

고기 (35 %)	채소 (20 %)	과일 (■ %)	쌀 (15 %)

① $35 + \boxed{} + ■ + \boxed{} = 100$

➜ $■ = 100 - 35 - \boxed{} - \boxed{}$

$= \boxed{}$

② 백분율을 비교하면

$35 > \boxed{} > \boxed{} > \boxed{}$ 입니다.

③ 지출 금액이 가장 큰 식품은 $\boxed{}$ 입니다.

6 등교하는 방법별 학생 수

0 10 20 30 40 50 60 70 80 90 100 (%)

자전거 (20 %)	도보 (▲ %)	버스 (15 %)	지하철 (25 %)

① $20 + ▲ + \boxed{} + \boxed{} = 100$

➜ $▲ = 100 - 20 - \boxed{} - \boxed{}$

$= \boxed{}$

② 백분율을 비교하면

$\boxed{} > 25 > \boxed{} > \boxed{}$ 입니다.

③ 학생들이 가장 많이 등교하는 방법은 $\boxed{}$ 입니다.

◆ 띠그래프를 보고 ⬚ 안에 알맞은 수를 써넣으세요.

7 의료 시설의 수

0 10 20 30 40 50 60 70 80 90 100 (%)

약국 (25 %)	병원	한의원 (20 %)	기타 (15 %)

① 병원은 전체의 $\boxed{}$ %입니다.

② 병원 수는 한의원 수의 $\boxed{}$ 배입니다.

8 즐겨 보는 텔레비전 프로그램별 학생 수

0 10 20 30 40 50 60 70 80 90 100 (%)

예능	만화 (35 %)	교육 (20 %)	드라마 (15 %)

① 예능을 즐겨 보는 학생은 전체의 $\boxed{}$ %입니다.

② 예능을 즐겨 보는 학생 수는 드라마를 즐겨 보는 학생 수의 $\boxed{}$ 배입니다.

9 도로에 심은 가로수 수

0 10 20 30 40 50 60 70 80 90 100 (%)

참나무 (45 %)	은행나무 (20 %)	벚나무	밤나무 (20 %)

① 벚나무는 전체의 $\boxed{}$ %입니다.

② 참나무 수는 벚나무 수의 $\boxed{}$ 배입니다.

◆ 띠그래프를 보고 표의 빈칸에 알맞은 수를 써넣으세요.

10 취미별 학생 수

| 0 | 10 | 20 | 30 | 40 | 50 | 60 | 70 | 80 | 90 | 100 (%) |

| 운동 (40 %) | 공예 (30 %) | 요리 (20 %) | |

독서(10 %)

취미별 학생 수

취미	운동	공예	요리	독서	합계
학생 수(명)					30

$30 \times \dfrac{40}{100}$

11 받고 싶은 선물별 학생 수

| 0 | 10 | 20 | 30 | 40 | 50 | 60 | 70 | 80 | 90 | 100 (%) |

| 옷 (45 %) | 신발 (25 %) | 책 (20 %) | |

시계(10 %)

받고 싶은 선물별 학생 수

선물	옷	신발	책	시계	합계
학생 수(명)					40

12 혈액형별 학생 수

| 0 | 10 | 20 | 30 | 40 | 50 | 60 | 70 | 80 | 90 | 100 (%) |

| A형 (25 %) | B형 (30 %) | O형 (30 %) | AB형 (15 %) |

혈액형별 학생 수

혈액형	A형	B형	O형	AB형	합계
학생 수(명)					200

◆ 두 띠그래프를 비교하여 작년에 비해 올해 차지하는 비율이 높아진 것을 모두 쓰세요.

13 작물별 차지하는 땅의 넓이

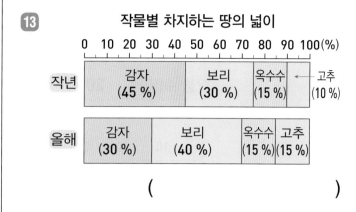

( )

14 배우고 싶은 악기별 학생 수

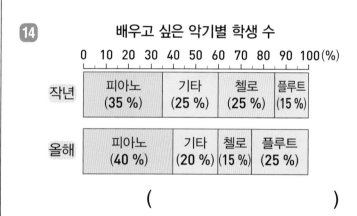

( )

[문장제 + 연산]

15 어느 지역에 있는 주말농장의 채소별 밭의 넓이를 조사하여 나타낸 띠그래프입니다. 전체 밭의 넓이가 200 m² 라면 배추를 심은 밭의 넓이는 몇 m²일까요?

채소별 밭의 넓이

| 0 | 10 | 20 | 30 | 40 | 50 | 60 | 70 | 80 | 90 | 100 (%) |

| 고구마 (40 %) | 배추 (25 %) | 상추 (20 %) | 오이 (15 %) |

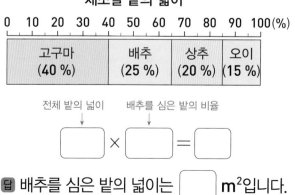

전체 밭의 넓이   배추를 심은 밭의 비율

□ × □ = □

답 배추를 심은 밭의 넓이는 □ m²입니다.

좋아하는 꽃별 학생 수를 조사하여 표와 띠그래프로 나타낸 것입니다. ☐ 안에 알맞은 수나 말을 써넣고, ☐ 안에 알맞은 수나 말을 찾을 때 더 편리한 방법에 ○표 하세요.

좋아하는 꽃별 학생 수

꽃	장미	백합	국화	튤립	합계
학생 수(명)	20	11	5	14	50

좋아하는 꽃별 학생 수

```
0    10   20   30   40   50   60   70   80   90   100(%)
|    |    |    |    |    |    |    |    |    |    |
```

| 장미 (40 %) | 백합 (22 %) | 국화 (10 %) | 튤립 (28 %) |

16 백합을 좋아하는 학생은 ☐명입니다.

→ 편리한 방법 (표 , 띠그래프)

17 백합을 좋아하는 학생은 전체의 ☐%입니다.

→ 편리한 방법 (표 , 띠그래프)

18 국화 또는 튤립을 좋아하는 학생은 전체의 ☐%입니다.

→ 편리한 방법 (표 , 띠그래프)

19 조사한 학생은 모두 ☐명입니다.

→ 편리한 방법 (표 , 띠그래프)

20 가장 적은 학생들이 좋아하는 꽃은 ☐입니다.

→ 편리한 방법 (표 , 띠그래프)

21 장미를 좋아하는 학생은 튤립을 좋아하는 학생보다 ☐명 더 많습니다.

→ 편리한 방법 (표 , 띠그래프)

실수한 것이 없는지 검토했나요?

예 ☐ , 아니요 ☐

31회 개념 원그래프

전체에 대한 각 부분의 비율을 원 모양에 나타낸 그래프를 원그래프라고 합니다.

배우고 싶은 악기별 학생 수

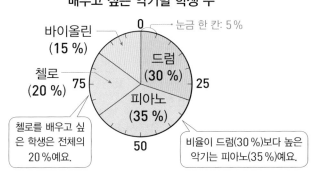

눈금 한 칸: 5 %

바이올린 (15 %)
첼로 (20 %)
드럼 (30 %)
피아노 (35 %)

첼로를 배우고 싶은 학생은 전체의 20 %예요.

비율이 드럼(30 %)보다 높은 악기는 피아노(35 %)예요.

각 항목의 백분율을 구한 후 원그래프에 나타냅니다.

학생회장 후보별 득표수

후보	득표수(표)
민식	150
수진	300
은혁	50
합계	500

학생회장 후보별 득표수

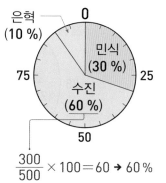

은혁 (10 %)
민식 (30 %)
수진 (60 %)

$$\frac{300}{500} \times 100 = 60 \rightarrow 60\,\%$$

◆ 원그래프를 보고 ◯ 안에 알맞은 수나 말을 써넣으세요.

1 팥빙수에 사용된 재료별 양

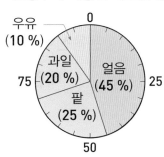

우유 (10 %)
과일 (20 %)
얼음 (45 %)
팥 (25 %)

① 사용된 우유의 양은 전체의 ◯ %입니다.

② 비율이 팥보다 높은 재료는 ◯ 입니다.

2 곡식별 생산량

보리 (10 %)
밀 (30 %)
쌀 (45 %)
콩 (15 %)

① 콩 생산량은 전체의 ◯ %입니다.

② 비율이 밀보다 높은 곡식은 ◯ 입니다.

◆ 백분율을 구하여 표와 원그래프를 완성하세요.

3 기르고 싶은 반려동물별 학생 수

반려동물	강아지	고양이	햄스터	합계
학생 수(명)	24	21	15	60
백분율(%)	40			100

기르고 싶은 반려동물별 학생 수

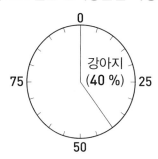

강아지 (40 %)

4 좋아하는 생선별 학생 수

생선	고등어	갈치	조기	합계
학생 수(명)	100	60	40	200
백분율(%)			20	100

좋아하는 생선별 학생 수

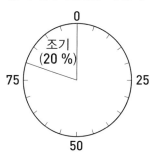

조기 (20 %)

원그래프를 보고 ⃞ 안에 알맞은 수를 써넣으세요.

5

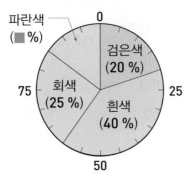

색깔별 승용차 수

① $20 + \boxed{} + \boxed{} + ■ = 100$

➔ $■ = 100 - 20 - \boxed{} - \boxed{}$

$= \boxed{}$

② 흰색 승용차 또는 파란색 승용차는 전체의 ⃞ %입니다.

6 좋아하는 채소별 학생 수

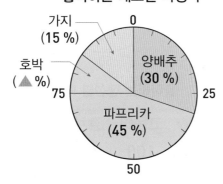

① $30 + \boxed{} + ▲ + \boxed{} = 100$

➔ $▲ = 100 - 30 - \boxed{} - \boxed{}$

$= \boxed{}$

② 호박 또는 가지를 좋아하는 학생은 전체의 ⃞ %입니다.

원그래프를 보고 ⃞ 안에 알맞은 수나 말을 써넣으세요.

7 장래 희망별 학생 수

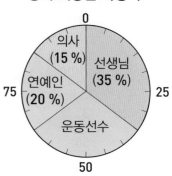

① 장래 희망이 운동선수인 학생은 전체의 ⃞ %입니다.

② 두 번째로 적은 학생들의 장래 희망은 ⃞ 입니다.

③ 장래 희망이 운동선수인 학생 수는 의사인 학생 수의 ⃞ 배입니다.

8 좋아하는 과일별 학생 수

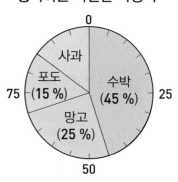

① 사과를 좋아하는 학생은 전체의 ⃞ %입니다.

② 두 번째로 많은 학생들이 좋아하는 과일은 ⃞ 입니다.

③ 수박을 좋아하는 학생 수는 사과를 좋아하는 학생 수의 ⃞ 배입니다.

원그래프를 보고 표의 빈칸에 알맞은 수를 써넣으세요.

9 하고 싶은 운동 경기별 학생 수

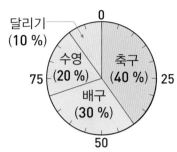

하고 싶은 운동 경기별 학생 수

운동 경기	축구	배구	수영	달리기	합계
학생 수(명)					50

$50 \times \dfrac{40}{100}$

10 가고 싶은 체험 학습 장소별 학생 수

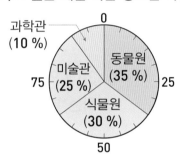

가고 싶은 체험 학습 장소별 학생 수

장소	동물원	식물원	미술관	과학관	합계
학생 수(명)					80

11 가족 수별 학생 수

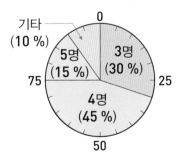

가족 수별 학생 수

가족 수	3명	4명	5명	기타	합계
학생 수(명)					200

두 원그래프를 비교하여 작년에 비해 올해 차지하는 비율이 낮아진 것을 모두 쓰세요.

12 스마트폰 사용 용도별 학생 수

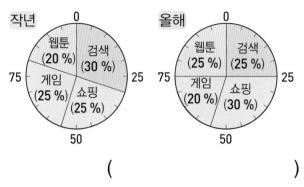

(   )

13 기르는 가축별 수

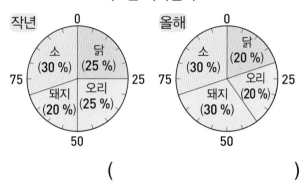

(   )

14 민수네 학교 학생 400명이 좋아하는 급식 메뉴를 조사하여 나타낸 원그래프입니다. 카레를 좋아하는 학생은 몇 명일까요?

좋아하는 급식 메뉴별 학생 수

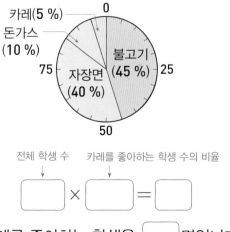

전체 학생 수   카레를 좋아하는 학생 수의 비율
↓   ↓

$\boxed{} \times \boxed{} = \boxed{}$

답 카레를 좋아하는 학생은 $\boxed{}$ 명입니다.

5단원

정답
20쪽

◆ 원그래프를 보고 관계있는 것끼리 선으로 이으세요.

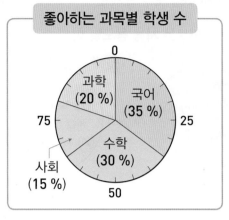

15

좋아하는 과목별 학생 수

국어 •

수학 •

사회 •

과학 •

• 가장 적은 학생들이 좋아하는 과목입니다.

• 20 %의 학생들이 좋아하는 과목입니다.

• 두 번째로 많은 학생들이 좋아하는 과목입니다.

• 수학보다 좋아하는 학생들이 많은 과목입니다.

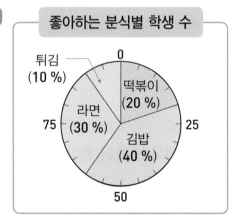

16

좋아하는 분식별 학생 수

떡볶이 •

김밥 •

라면 •

튀김 •

• 30 %의 학생들이 좋아하는 분식입니다.

• 두 번째로 적은 학생들이 좋아하는 분식입니다.

• 떡볶이보다 좋아하는 학생들이 적은 분식입니다.

• 가장 많은 학생들이 좋아하는 분식입니다.

실수한 것이 없는지 검토했나요?

예 ☐ , 아니요 ☐

32회 테스트 5. 여러 가지 그래프

◆ 그림그래프를 보고 표를 완성하세요.

1

종류별 새의 수

종류	새의 수
비둘기	🕊🕊
까치	🕊🕊🕊🕊🕊🕊
참새	🕊🕊🕊🕊🕊🕊🕊🕊

🕊100마리
🕊10마리

종류별 새의 수

종류	비둘기	까치	참새
새의 수(마리)	200		

2

지역별 쌀 소비량

지역	소비량
가	▨▨▨▨▨
나	▨▨
다	▨▨▨▨▨▨▨▨▨

▨10만 t
▨1만 t

지역별 쌀 소비량

지역	가	나	다
소비량(만 t)			9

3

대륙별 인구수

대륙	인구수
아프리카	☺☺☺☺
유럽	☺☺☺☺☺☺☺
아시아	☺☺☺☺☺☺☺

☺10억 명
☺1억 명

대륙별 인구수

대륙	아프리카	유럽	아시아
인구수(억 명)		7	

◆ 그래프를 보고 ▢ 안에 알맞은 수나 말을 써넣으세요.

4

학급문고의 종류별 책 수

```
0  10  20  30  40  50  60  70  80  90  100 (%)
```

| 동화책 (40 %) | 위인전 (30 %) | 참고서 (■ %) | |

과학책(10 %)

① $40+\boxed{}+■+\boxed{}=100$

→ $■=100-40-\boxed{}-\boxed{}$

$=\boxed{}$

② 백분율을 비교하면

$40>\boxed{}>\boxed{}>\boxed{}$입니다.

③ 학급문고에 가장 많이 있는 책은 $\boxed{}$입니다.

5

전시관별 방문한 학생 수

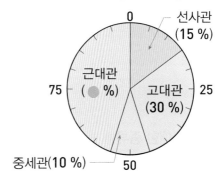

① $15+\boxed{}+\boxed{}+●=100$

→ $●=100-15-\boxed{}-\boxed{}$

$=\boxed{}$

② 고대관 또는 근대관을 방문한 학생은 전체의 $\boxed{}$ %입니다.

5 단원

정답 20쪽

◆ 띠그래프를 보고 ◯ 안에 알맞은 수를 써넣으세요.

6 가고 싶은 나라별 학생 수

```
0  10  20  30  40  50  60  70  80  90  100(%)
```

| 영국 (45 %) | 프랑스 (25 %) | 스위스 | 미국 (15 %) |

① 스위스에 가고 싶은 학생은 전체의 ◻ %입니다.

② 영국에 가고 싶은 학생 수는 스위스에 가고 싶은 학생 수의 ◻ 배입니다.

7 좋아하는 꽃별 학생 수

```
0  10  20  30  40  50  60  70  80  90  100(%)
```

| 백합 (25 %) | 튤립 (40 %) | 장미 (15 %) | 민들레 |

① 민들레를 좋아하는 학생은 전체의 ◻ %입니다.

② 튤립을 좋아하는 학생 수는 민들레를 좋아하는 학생 수의 ◻ 배입니다.

8 판매한 종류별 케이크 수

```
0  10  20  30  40  50  60  70  80  90  100(%)
```

| 생크림 (35 %) | 치즈 | 고구마 (40 %) | 초콜릿 (15 %) |

① 판매한 치즈 케이크는 전체의 ◻ %입니다.

② 판매한 고구마 케이크 수는 치즈 케이크 수의 ◻ 배입니다.

◆ 원그래프를 보고 ◯ 안에 알맞은 수나 말을 써넣으세요.

9 가구별 참외 생산량

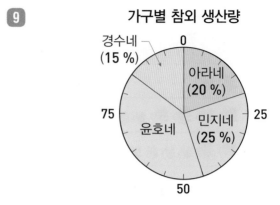

① 윤호네 참외 생산량은 전체의 ◻ %입니다.

② 두 번째로 참외 생산량이 적은 가구는 ◻ 입니다.

③ 윤호네 참외 생산량은 아라네 참외 생산량의 ◻ 배입니다.

10 채집한 종류별 생물 수

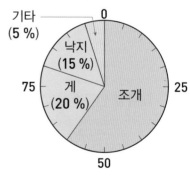

① 채집한 조개는 전체의 ◻ %입니다.

② 두 번째로 많이 채집한 생물은 ◻ 입니다.

③ 채집한 조개 수는 낙지 수의 ◻ 배입니다.

◈ 띠그래프를 보고 표의 빈칸에 알맞은 수를 써넣으세요.

11

종류별 나무 수

0 10 20 30 40 50 60 70 80 90 100(%)

배나무 (30 %)	감나무 (20 %)	귤나무 (35 %)	기타 (15 %)

종류별 나무 수

종류	배나무	감나무	귤나무	기타	합계
나무 수(그루)					40

12

좋아하는 운동별 학생 수

0 10 20 30 40 50 60 70 80 90 100(%)

야구 (25 %)	배구 (40 %)	축구 (20 %)	농구 (15 %)

좋아하는 운동별 학생 수

운동	야구	배구	축구	농구	합계
학생 수(명)					60

13

전자제품별 판매량

0 10 20 30 40 50 60 70 80 90 100(%)

에어컨 (30 %)	냉장고 (15 %)	세탁기 (25 %)	청소기 (30 %)

전자제품별 판매량

전자제품	에어컨	냉장고	세탁기	청소기	합계
판매량(대)					300

◈ 원그래프를 보고 표의 빈칸에 알맞은 수를 써넣으세요.

14

좋아하는 과목별 학생 수

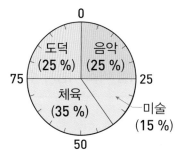

좋아하는 과목별 학생 수

과목	음악	미술	체육	도덕	합계
학생 수(명)					80

15

강좌별 수강 학생 수

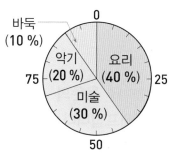

강좌별 수강 학생 수

강좌	요리	미술	악기	바둑	합계
학생 수(명)					150

16

음식별 판매량

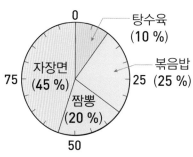

음식별 판매량

음식	탕수육	볶음밥	짬뽕	자장면	합계
판매량(그릇)					400

◆ 문제를 읽고 답을 구하세요.

17 도시별 버스 이용자 수를 조사하여 나타낸 그림그래프입니다. 버스 이용자 수가 가장 많은 도시와 가장 적은 도시의 이용자 수의 차는 몇 명일까요?

도시별 버스 이용자 수

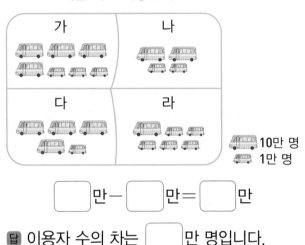

$$\boxed{}만 - \boxed{}만 = \boxed{}만$$

답 이용자 수의 차는 $\boxed{}$ 만 명입니다.

18 준서의 이번 달 용돈의 쓰임새를 조사하여 나타낸 띠그래프입니다. 저축에 사용한 용돈은 전체의 몇 %일까요?

용돈의 쓰임새별 금액

0 10 20 30 40 50 60 70 80 90 100(%)

학용품 (30 %)	저축	간식 (20 %)	친구 선물 (25 %)

$$100 - \boxed{} - \boxed{} - \boxed{} = \boxed{}$$

답 저축에 사용한 용돈은 전체의 $\boxed{}$ %입니다.

◆ 문제를 읽고 답을 구하세요.

19 민호네 학교 6학년 학생들이 체험 학습을 가고 싶어 하는 지역을 조사하여 나타낸 띠그래프입니다. 조사한 학생이 200명이라면 여수에 가고 싶어 하는 학생은 몇 명일까요?

가고 싶어 하는 지역별 학생 수

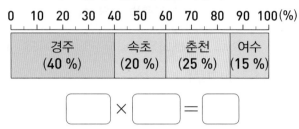

$$\boxed{} \times \boxed{} = \boxed{}$$

답 여수에 가고 싶어 하는 학생은 $\boxed{}$ 명입니다.

20 수아네 반 학생 30명이 좋아하는 음식을 조사하여 나타낸 원그래프입니다. 중식을 좋아하는 학생은 몇 명일까요?

좋아하는 음식별 학생 수

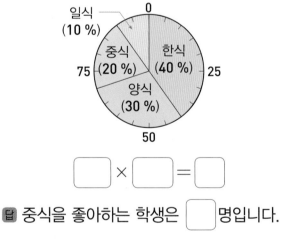

$$\boxed{} \times \boxed{} = \boxed{}$$

답 중식을 좋아하는 학생은 $\boxed{}$ 명입니다.

• 5단원 테스트 후 맞힌 개수에 따라 아래와 같이 공부하세요.

맞힌 개수	0~13개	14~17개	18~20개
공부 방법	여러 가지 그래프에 대한 이해가 부족해요. 29~31회를 다시 공부해요.	여러 가지 그래프에 대해 이해는 하고 있으나 좀 더 연습이 필요해요.	실수하지 않도록 집중하여 틀린 문제를 확인해요.

6

직육면체의
부피와 겉넓이

개념 미리보기

6. 직육면체의 부피와 겉넓이

33회 **1** 부피 단위, 부피 단위의 관계

큰 물건의 부피를 나타낼 때 m³를 사용하면 간단한 수로 나타낼 수 있어요.

◆ 부피 단위

• $1\ cm^3$(1 세제곱센티미터): 한 모서리의 길이가 $1\ cm$인 정육면체의 부피
• $1\ m^3$(1 세제곱미터): 한 모서리의 길이가 $1\ m$인 정육면체의 부피

◆ 부피 단위의 관계

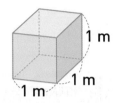

$$1\ m^3 = 1000000\ cm^3$$

$1\ m^3$에는 $1\ cm^3$가 1000000개 들어 있어요.

34~35회 **2** 직육면체의 부피, 정육면체의 부피

직육면체에서 (가로)×(세로)는 밑면의 넓이예요.

직육면체의 부피	정육면체의 부피
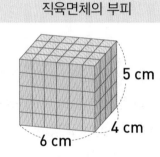	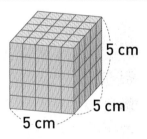
(직육면체의 부피) $=6 \times 4 \times 5 = 120\ (cm^3)$ 가로 　세로 　높이	(정육면체의 부피) $=5 \times 5 \times 5 = 125\ (cm^3)$ 한 모서리의 길이

36~37회 **3** 직육면체의 겉넓이, 정육면체의 겉넓이

직육면체의 겉넓이	정육면체의 겉넓이
	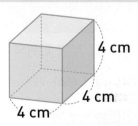
(직육면체의 겉넓이) $=(15+6+10) \times 2 = 62\ (cm^2)$ 3×5 　3×2 　5×2	(정육면체의 겉넓이) $=4 \times 4 \times 6 = 96\ (cm^2)$ 한 면의 넓이

33회 개념 부피 단위, 부피 단위의 관계

한 모서리의 길이가 1 cm인 정육면체의 부피를
1 cm³라 쓰고, 1 세제곱센티미터라고 읽습니다.

 1 cm³   1 cm³가 3개 → 3 cm³   1 cm³가 4개 → 4 cm³

1cm³의 수를 세어 부피를 구할 수 있어요.

한 모서리의 길이가 1 m인 정육면체의 부피를
1 m³라 쓰고, 1 세제곱미터라고 읽습니다.

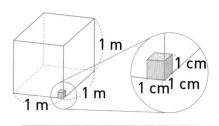

$$1\ m^3 = 1000000\ cm^3$$

✦ 쌓기나무의 부피를 구하려고 합니다. ◻ 안에 알맞은
수를 써넣으세요.

1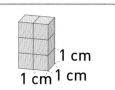

1 cm³: ◻ 개

→ 쌓기나무의 부피: ◻ cm³

2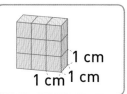

1 cm³: ◻ 개

→ 쌓기나무의 부피: ◻ cm³

3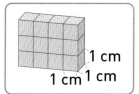

1 cm³: ◻ 개

→ 쌓기나무의 부피: ◻ cm³

✦ 서로 부피가 같은 것을 찾아 ○표 하세요.

4   3000 cm³   3 m³   3000000 cm³

5   8 m³   800 cm³   8000000 cm³

6   12 m³   12000000 cm³   1200 m³

7   250 m³   25000000 cm³   25 m³

8   40 m³   4 m³   40000000 cm³

9   72 m³   72000000 cm³   7200 m³

10   100 m³   1 m³   100000000 cm³

6 단원

정답 21쪽

◆ ☐ 안에 알맞은 수를 써넣으세요.

11 $2 \text{ m}^3 = \boxed{} \text{ cm}^3$

12 $10 \text{ m}^3 = \boxed{} \text{ cm}^3$

13 $28 \text{ m}^3 = \boxed{} \text{ cm}^3$

14 $37 \text{ m}^3 = \boxed{} \text{ cm}^3$

15 $51 \text{ m}^3 = \boxed{} \text{ cm}^3$

16 $120 \text{ m}^3 = \boxed{} \text{ cm}^3$

17 $207 \text{ m}^3 = \boxed{} \text{ cm}^3$

18 $0.8 \text{ m}^3 = \boxed{} \text{ cm}^3$

19 $1.4 \text{ m}^3 = \boxed{} \text{ cm}^3$

20 $3.5 \text{ m}^3 = \boxed{} \text{ cm}^3$

◆ ☐ 안에 알맞은 수를 써넣으세요.

21 $7000000 \text{ cm}^3 = \boxed{} \text{ m}^3$

22 $15000000 \text{ cm}^3 = \boxed{} \text{ m}^3$

23 $34000000 \text{ cm}^3 = \boxed{} \text{ m}^3$

24 $60000000 \text{ cm}^3 = \boxed{} \text{ m}^3$

25 $79000000 \text{ cm}^3 = \boxed{} \text{ m}^3$

26 $105000000 \text{ cm}^3 = \boxed{} \text{ m}^3$

27 $180000000 \text{ cm}^3 = \boxed{} \text{ m}^3$

28 $400000 \text{ cm}^3 = \boxed{} \text{ m}^3$

29 $2600000 \text{ cm}^3 = \boxed{} \text{ m}^3$

30 $4300000 \text{ cm}^3 = \boxed{} \text{ m}^3$

부피가 같은 것끼리 선으로 이으세요.

31

3 m³	•	•	300000 cm³
30 m³	•	•	3000000 cm³
0.3 m³	•	•	30000000 cm³

32

70 m³	•	•	70000000 cm³
0.7 m³	•	•	7000000 cm³
7 m³	•	•	700000 cm³

부피 단위의 관계가 옳은 것에 ○표, 틀린 것에 ×표 하세요.

33

5600000 cm³ = 5.6 m³ ○

9 m³ = 90000000 cm³ ○

600000 cm³ = 6 m³ ○

34

2.4 m³ = 24000000 cm³ ○

8000000 cm³ = 8 m³ ○

7.1 m³ = 7100000 cm³ ○

35

500000 cm³ = 0.5 m³ ○

18 m³ = 1800000 cm³ ○

60000000 cm³ = 60 m³ ○

부피를 비교하여 ○ 안에 >, =, <를 알맞게 써넣으세요.

36 7 m³ 16000000 cm³

37 900000 cm³ 0.9 m³

38 25000000 cm³ 12 m³

39 400 m³ 40000000 cm³

40 30000 cm³ 3 m³

41 1.12 m³ ◯ 1200000 cm³

문장제 + 연산

42 윤수네 집에 선풍기가 들어 있는 택배 상자가 배달되었습니다. 택배 상자의 부피가 0.82 m³ 일 때 이 택배 상자의 부피는 몇 cm³일까요?

0.82 m³ = [   ] cm³

답 택배 상자의 부피는 [   ] cm³입니다.

◆ 직육면체 모양의 물건을 나타낸 것입니다. 물건의 부피로 알맞은 것을 찾아 ○표 하세요.

43 도시락통

| 1 m³ | 100 m³ | 1000 cm³ |

46 쓰레기통

| 50000 cm³ | 500 m³ | 5 cm³ |

44 서랍장

| 0.3 m³ | 300 cm³ | 30 cm³ |

47 세탁기

| 1000 cm³ | 1 m³ | 10 cm³ |

45 수조

| 200 cm³ | 0.2 cm³ | 2000000 cm³ |

48 사물함

| 25 cm³ | 0.25 m³ | 2.5 cm³ |

실수한 것이 없는지 검토했나요?

예 ☐ , 아니요 ☐

34회 개념 직육면체의 부피

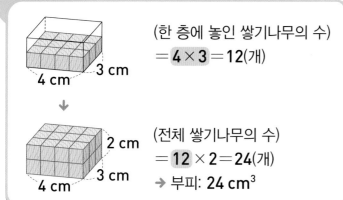

(한 층에 놓인 쌓기나무의 수)
= **4 × 3** = 12(개)

↓

(전체 쌓기나무의 수)
= **12 × 2** = 24(개)
→ 부피: 24 cm³

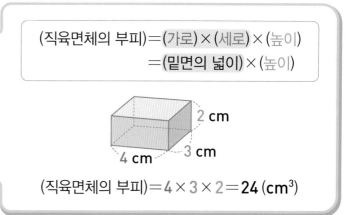

(직육면체의 부피)=(가로)×(세로)×(높이)
　　　　　　　=(밑면의 넓이)×(높이)

(직육면체의 부피)=4×3×2=**24** (cm³)

✤ 직육면체의 부피를 구하려고 합니다. ⬜ 안에 알맞은 수를 써넣으세요.

1

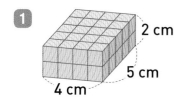

1 cm³: 4 × ⬜ × ⬜ = ⬜ (개)

→ 직육면체의 부피: ⬜ cm³

2

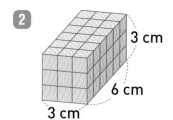

1 cm³: 3 × ⬜ × ⬜ = ⬜ (개)

→ 직육면체의 부피: ⬜ cm³

3

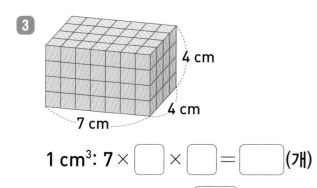

1 cm³: 7 × ⬜ × ⬜ = ⬜ (개)

→ 직육면체의 부피: ⬜ cm³

✤ 직육면체의 부피를 구하려고 합니다. ⬜ 안에 알맞은 수를 써넣으세요.

4

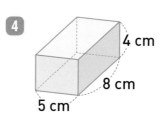

(직육면체의 부피)=5 × ⬜ × ⬜

　　　　　　　= ⬜ (cm³)

5

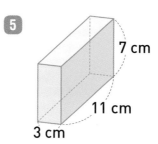

(직육면체의 부피)=3 × ⬜ × ⬜

　　　　　　　= ⬜ (cm³)

6

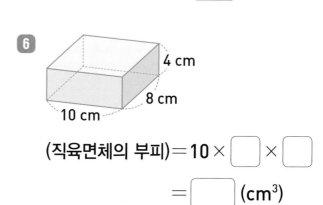

(직육면체의 부피)=10 × ⬜ × ⬜

　　　　　　　= ⬜ (cm³)

◆ 직육면체의 부피는 몇 cm³인지 구하세요.

7 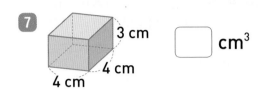 3 cm 4 cm 4 cm ⬜ cm³

8 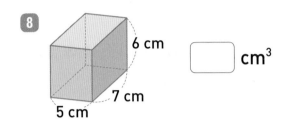 6 cm 7 cm 5 cm ⬜ cm³

9 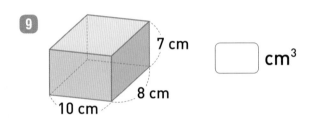 7 cm 8 cm 10 cm ⬜ cm³

10 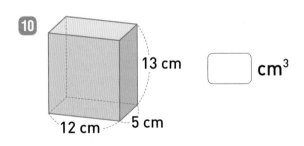 13 cm 12 cm 5 cm ⬜ cm³

11 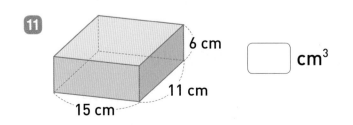 6 cm 11 cm 15 cm ⬜ cm³

◆ 직육면체의 부피는 몇 m³인지 구하세요.

12 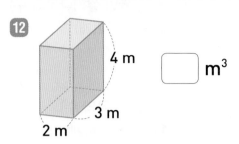 4 m 3 m 2 m ⬜ m³

13 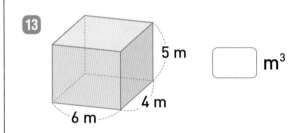 5 m 4 m 6 m ⬜ m³

14 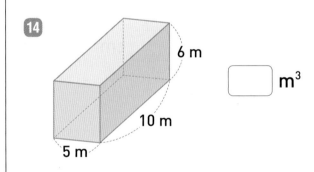 6 m 10 m 5 m ⬜ m³

15 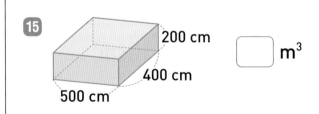 200 cm 400 cm 500 cm ⬜ m³

16 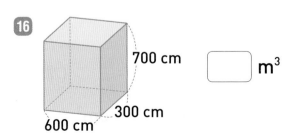 700 cm 300 cm 600 cm ⬜ m³

◈ 전개도를 이용하여 만든 직육면체의 부피는 몇 cm³ 인지 구하세요.

17

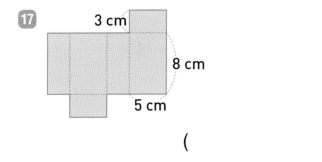

3 cm
8 cm
5 cm

( )

18

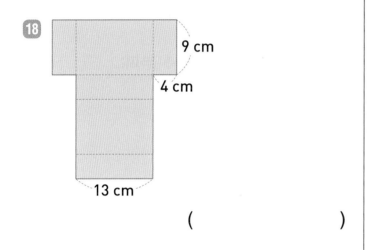

9 cm
4 cm
13 cm

( )

19

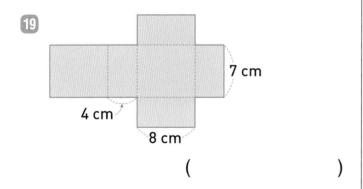

7 cm
4 cm
8 cm

( )

20

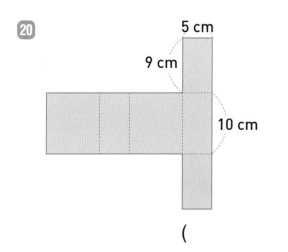

5 cm
9 cm
10 cm

( )

◈ 부피가 더 큰 직육면체에 ○표 하세요.

21

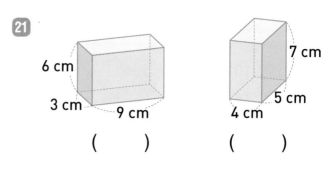

6 cm
3 cm
9 cm

7 cm
5 cm
4 cm

( ) ( )

22

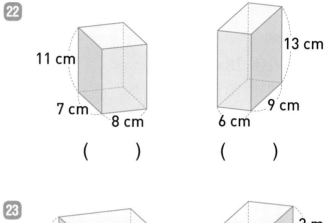

11 cm
7 cm
8 cm

13 cm
9 cm
6 cm

( ) ( )

23

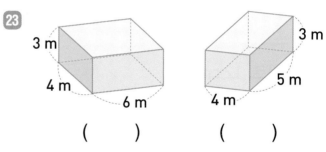

3 m
4 m
6 m

3 m
5 m
4 m

( ) ( )

문장제 + 연산

24 가로가 15 cm, 세로가 20 cm, 높이가 6 cm 인 직육면체 모양의 책이 있습니다. 이 책의 부피는 몇 cm³일까요?

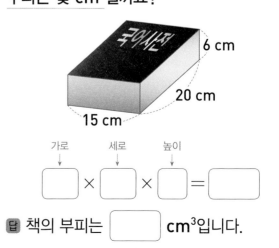

6 cm
20 cm
15 cm

가로 세로 높이

☐ × ☐ × ☐ = ☐

🔲 책의 부피는 ☐ cm³입니다.

◆ 승우가 조립한 직육면체 모양의 블록의 길이를 게시판에 나타냈습니다. 승우가 조립한 블록을 담을 수 있는 직육면체 모양의 상자에 ○표 하고, 그 상자의 부피는 몇 cm³인지 구하세요.

25

가로: 10 cm
세로: 16 cm
높이: 6 cm

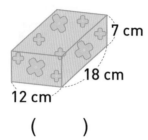

( )

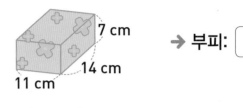

( )

→ 부피: ☐ cm³

26

가로: 18 cm
세로: 10 cm
높이: 14 cm

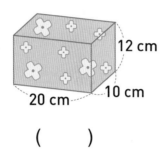

( )

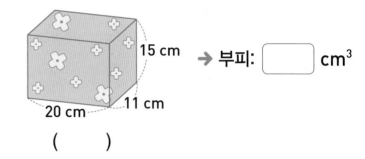

( )

→ 부피: ☐ cm³

27

가로: 12 cm
세로: 18 cm
높이: 10 cm

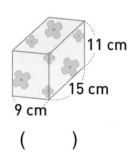

( )

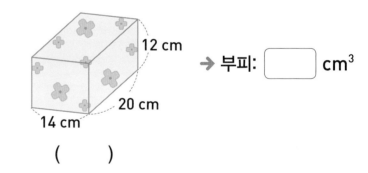

( )

→ 부피: ☐ cm³

28

가로: 16 cm
세로: 16 cm
높이: 20 cm

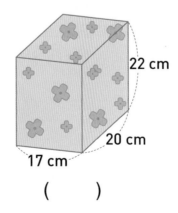

( )

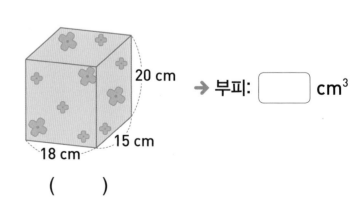

( )

→ 부피: ☐ cm³

실수한 것이 없는지 검토했나요?

예 ☐ , 아니요 ☐

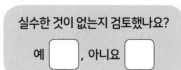

35회 개념 정육면체의 부피

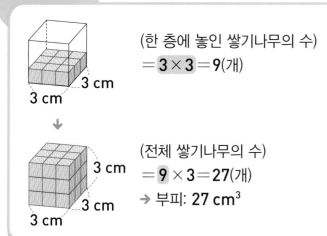

(한 층에 놓인 쌓기나무의 수)
= **3** × **3** = 9(개)
3 cm
3 cm

↓

(전체 쌓기나무의 수)
= **9** × 3 = 27(개)
3 cm
3 cm
3 cm
→ 부피: 27 cm³

(정육면체의 부피)
= (한 모서리의 길이) × (한 모서리의 길이)
  × (한 모서리의 길이)

3 cm
3 cm
3 cm

(정육면체의 부피) = 3 × 3 × 3 = 27 (cm³)

✦ 정육면체의 부피를 구하려고 합니다. ☐ 안에 알맞은 수를 써넣으세요.

1
2 cm

1 cm³: ☐ × ☐ × ☐ = ☐ (개)

→ 정육면체의 부피: ☐ cm³

2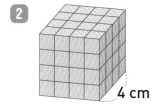
4 cm

1 cm³: ☐ × ☐ × ☐ = ☐ (개)

→ 정육면체의 부피: ☐ cm³

3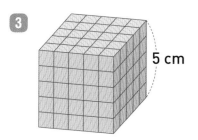
5 cm

1 cm³: ☐ × ☐ × ☐ = ☐ (개)

→ 정육면체의 부피: ☐ cm³

✦ 정육면체의 부피를 구하려고 합니다. ☐ 안에 알맞은 수를 써넣으세요.

4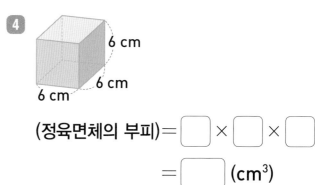
6 cm
6 cm
6 cm

(정육면체의 부피) = ☐ × ☐ × ☐
= ☐ (cm³)

5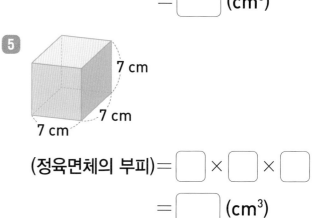
7 cm
7 cm
7 cm

(정육면체의 부피) = ☐ × ☐ × ☐
= ☐ (cm³)

6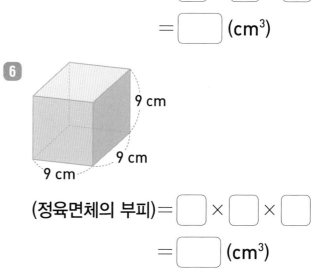
9 cm
9 cm
9 cm

(정육면체의 부피) = ☐ × ☐ × ☐
= ☐ (cm³)

6
단원

정답
22쪽

◆ 정육면체의 부피는 몇 cm³인지 구하세요.

7 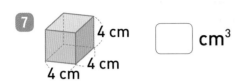 4 cm, 4 cm, 4 cm ☐ cm³

8 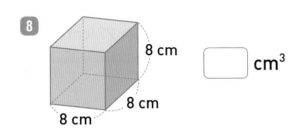 8 cm, 8 cm, 8 cm ☐ cm³

9 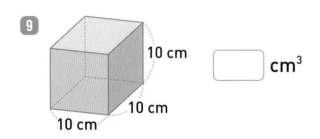 10 cm, 10 cm, 10 cm ☐ cm³

10 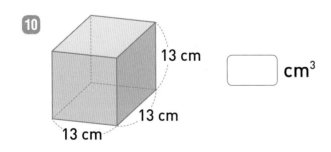 13 cm, 13 cm, 13 cm ☐ cm³

11 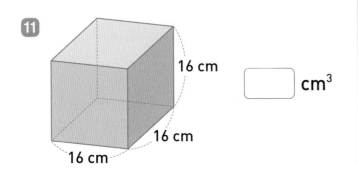 16 cm, 16 cm, 16 cm ☐ cm³

◆ 정육면체의 부피는 몇 m³인지 구하세요.

12 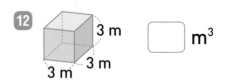 3 m, 3 m, 3 m ☐ m³

13 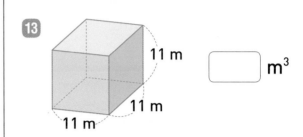 11 m, 11 m, 11 m ☐ m³

14 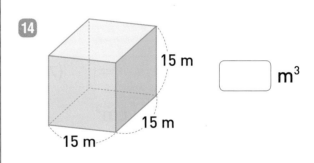 15 m, 15 m, 15 m ☐ m³

15 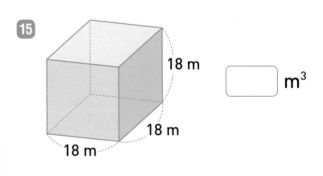 18 m, 18 m, 18 m ☐ m³

16 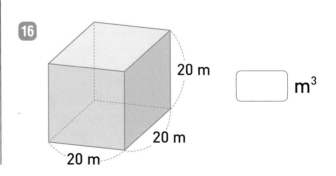 20 m, 20 m, 20 m ☐ m³

◈ 전개도를 이용하여 만든 정육면체의 부피는 몇 cm³인지 구하세요.

17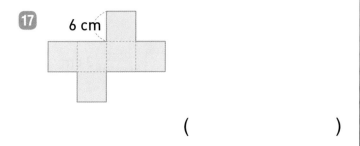
6 cm

(   )

18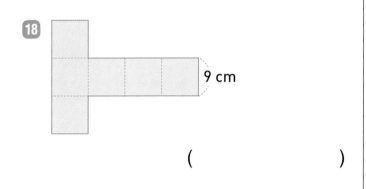
9 cm

(   )

19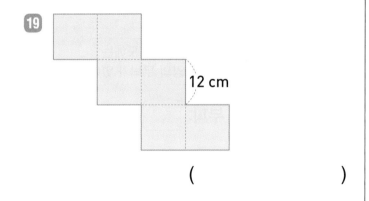
12 cm

(   )

20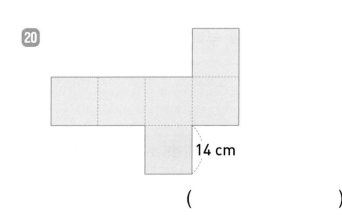
14 cm

(   )

◈ 직육면체와 정육면체 중 부피가 더 작은 것에 ○표 하세요.

21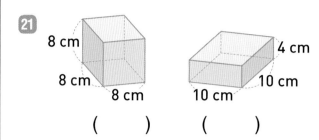
8 cm
8 cm
8 cm
4 cm
10 cm
10 cm

(   )   (   )

22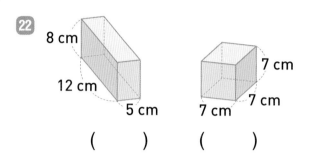
8 cm
12 cm
5 cm
7 cm
7 cm
7 cm

(   )   (   )

23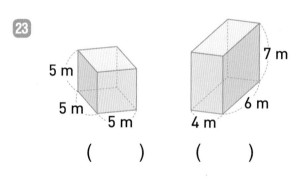
5 m
5 m
5 m
7 m
6 m
4 m

(   )   (   )

문장제 + 연산

24 민호는 한 모서리의 길이가 각각 6 cm, 4 cm 인 정육면체 모양의 주사위를 가지고 있습니다. 두 주사위의 부피의 차는 몇 cm³일까요?

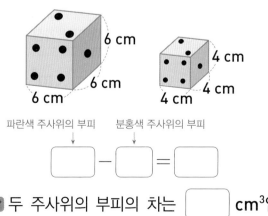
6 cm
6 cm
6 cm
4 cm
4 cm
4 cm

파란색 주사위의 부피 ↓   분홍색 주사위의 부피 ↓

[   ] − [   ] = [   ]

답 두 주사위의 부피의 차는 [   ] cm³입니다.

6
단원

정답
22쪽

6. 직육면체의 부피와 겉넓이 155

✦ 다은이와 친구들이 그린 정육면체의 전개도입니다. 전개도에 대한 설명을 읽고 각자 그린 전개도를 이용하여 만든
정육면체의 부피는 몇 cm³인지 구하세요.

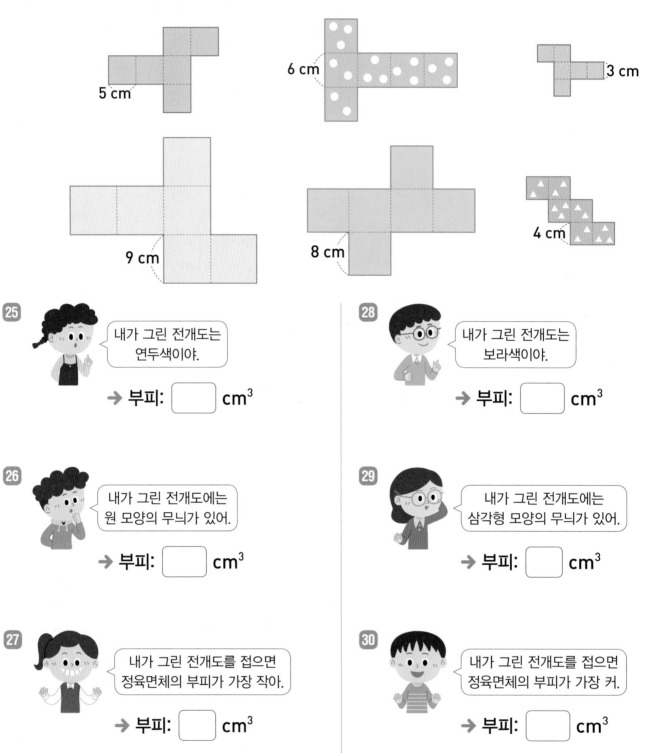

25 내가 그린 전개도는
연두색이야.

→ 부피: ☐ cm³

26 내가 그린 전개도에는
원 모양의 무늬가 있어.

→ 부피: ☐ cm³

27 내가 그린 전개도를 접으면
정육면체의 부피가 가장 작아.

→ 부피: ☐ cm³

28 내가 그린 전개도는
보라색이야.

→ 부피: ☐ cm³

29 내가 그린 전개도에는
삼각형 모양의 무늬가 있어.

→ 부피: ☐ cm³

30 내가 그린 전개도를 접으면
정육면체의 부피가 가장 커.

→ 부피: ☐ cm³

실수한 것이 없는지 검토했나요?

예 ☐ , 아니요 ☐

36회 개념 직육면체의 겉넓이

직육면체에서 평행한 두 면끼리 넓이가 같습니다.

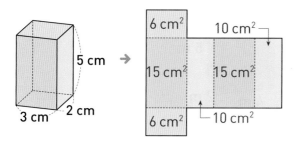

(직육면체의 겉넓이)
$= 6 \times 2 + 15 \times 2 + 10 \times 2 = 62 \ (cm^2)$

(직육면체의 겉넓이)
$=$ (한 꼭짓점에서 만나는 세 면의 넓이의 합) $\times 2$

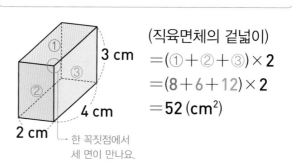

(직육면체의 겉넓이)
$= (① + ② + ③) \times 2$
$= (8 + 6 + 12) \times 2$
$= 52 \ (cm^2)$

한 꼭짓점에서
세 면이 만나요.

✦ 직육면체의 전개도에서 서로 다른 세 면의 넓이가 다음과 같을 때 ☐ 안에 알맞은 수를 써넣으세요.

1

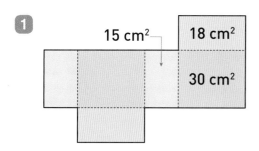

(직육면체의 겉넓이)

$= 18 \times 2 + \boxed{} \times 2 + \boxed{} \times 2$

$= \boxed{} \ (cm^2)$

2

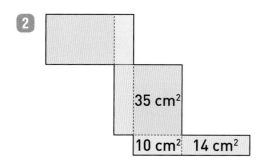

(직육면체의 겉넓이)

$= 35 \times 2 + \boxed{} \times 2 + \boxed{} \times 2$

$= \boxed{} \ (cm^2)$

✦ 직육면체의 겉넓이를 구하려고 합니다. ☐ 안에 알맞은 수를 써넣으세요.

3

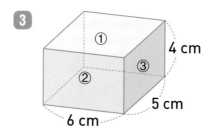

(직육면체의 겉넓이)

$= (\boxed{} + \boxed{} + \boxed{}) \times 2$

①의 넓이 ②의 넓이 ③의 넓이

$= \boxed{} \ (cm^2)$

4

(직육면체의 겉넓이)

$= (\boxed{} + \boxed{} + \boxed{}) \times 2$

①의 넓이 ②의 넓이 ③의 넓이

$= \boxed{} \ (cm^2)$

6 단원

정답 22쪽

◆ 직육면체의 겉넓이는 몇 cm²인지 구하세요.

5　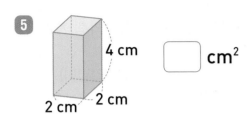　□ cm²

6　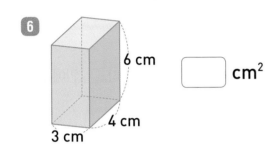　□ cm²

7　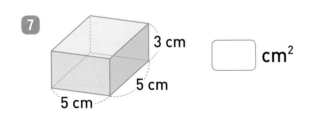　□ cm²

8　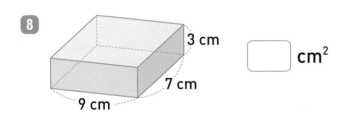　□ cm²

9　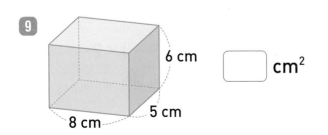　□ cm²

◆ 직육면체의 겉넓이는 몇 m²인지 구하세요.

10　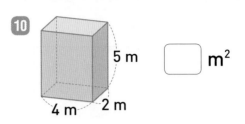　□ m²

11　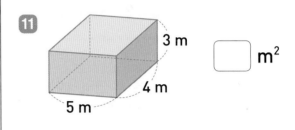　□ m²

12　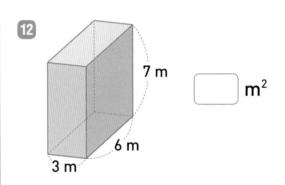　□ m²

13　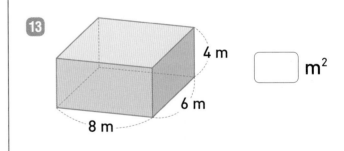　□ m²

14　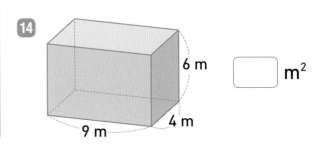　□ m²

◆ 전개도를 이용하여 만든 직육면체의 겉넓이는 몇 cm²인지 구하세요.

15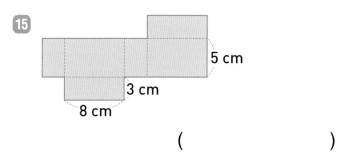

5 cm
3 cm
8 cm

(   )

16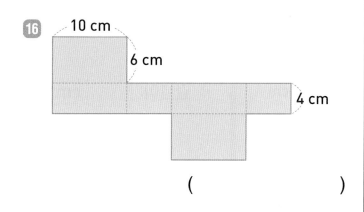

10 cm
6 cm
4 cm

(   )

◆ 직육면체에서 가로, 세로, 높이가 다음과 같을 때 직육면체의 겉넓이는 몇 m²인지 구하세요.

17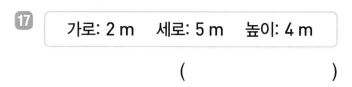
| 가로: 2 m | 세로: 5 m | 높이: 4 m |

(   )

18
| 가로: 7 m | 세로: 3 m | 높이: 6 m |

(   )

19
| 가로: 4 m | 세로: 9 m | 높이: 10 m |

(   )

◆ 직육면체의 겉넓이는 몇 m²인지 구하세요.

20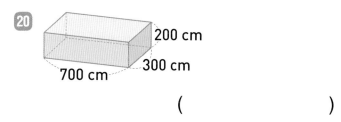

200 cm
300 cm
700 cm

(   )

21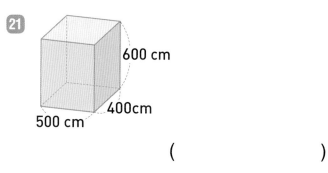

600 cm
400cm
500 cm

(   )

22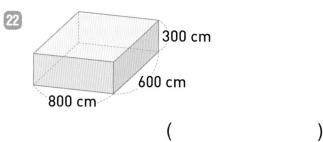

300 cm
600 cm
800 cm

(   )

문장제 + 연산

23 수지는 직육면체 모양의 선물 상자를 만들기 위해 다음과 같은 전개도를 그렸습니다. 전개도를 이용하여 만든 선물 상자의 겉넓이는 몇 cm²일까요?

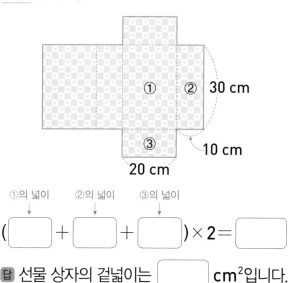

① ② 30 cm
③ 10 cm
20 cm

①의 넓이   ②의 넓이   ③의 넓이

(⬜ + ⬜ + ⬜) × 2 = ⬜

답 선물 상자의 겉넓이는 ⬜ cm²입니다.

6
단원

정답
22쪽

◆ 직육면체를 위, 앞, 옆에서 본 모양을 각각 나타낸 것입니다. 직육면체에는 위, 앞, 옆에서 본 모양이 각각 2개씩 있을 때 직육면체의 겉넓이는 몇 cm²인지 구하세요.

24

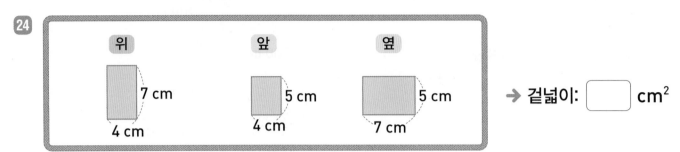

위 7 cm 4 cm 앞 5 cm 4 cm 옆 5 cm 7 cm

→ 겉넓이: ☐ cm²

25

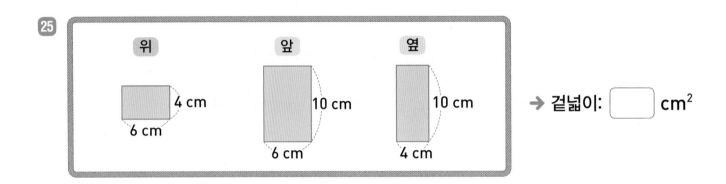

위 4 cm 6 cm 앞 10 cm 6 cm 옆 10 cm 4 cm

→ 겉넓이: ☐ cm²

26

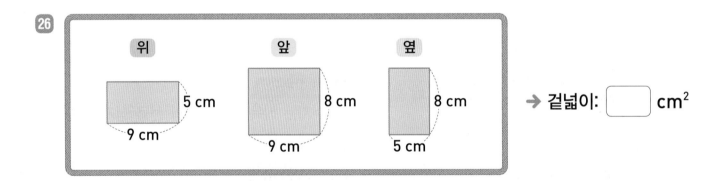

위 5 cm 9 cm 앞 8 cm 9 cm 옆 8 cm 5 cm

→ 겉넓이: ☐ cm²

27

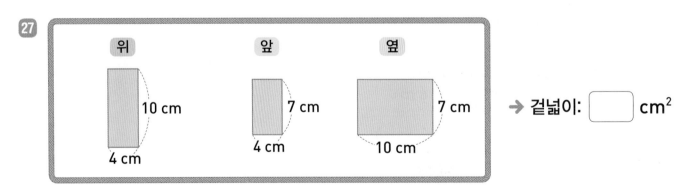

위 10 cm 4 cm 앞 7 cm 4 cm 옆 7 cm 10 cm

→ 겉넓이: ☐ cm²

실수한 것이 없는지 검토했나요?

예 ☐ , 아니요 ☐

37회 개념 정육면체의 겉넓이

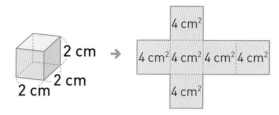

정육면체는 여섯 면의 넓이가 모두 같습니다.

4 cm² 4 cm² 4 cm² 4 cm²
4 cm²
4 cm²

(정육면체의 겉넓이)=$4 \times 6 = 24$ (cm²)

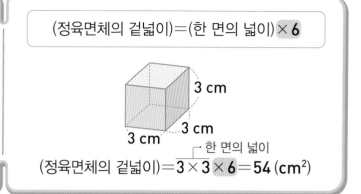

(정육면체의 겉넓이)=(한 면의 넓이)$\times 6$

한 면의 넓이
(정육면체의 겉넓이)=$3 \times 3 \times 6 = 54$ (cm²)

◆ 정육면체의 전개도에서 한 면의 넓이가 다음과 같을 때 ⬜ 안에 알맞은 수를 써넣으세요.

1
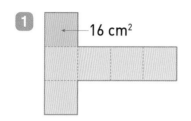
16 cm²

(정육면체의 겉넓이)

=⬜$\times 6=$⬜ (cm²)

2
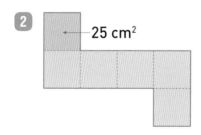
25 cm²

(정육면체의 겉넓이)

=⬜$\times 6=$⬜ (cm²)

3
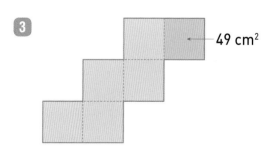
49 cm²

(정육면체의 겉넓이)

=⬜$\times 6=$⬜ (cm²)

◆ 정육면체의 겉넓이를 구하려고 합니다. ⬜ 안에 알맞은 수를 써넣으세요.

4
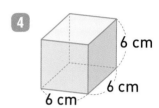
6 cm, 6 cm, 6 cm

(정육면체의 겉넓이)=⬜$\times$⬜$\times 6$

=⬜ (cm²)

5
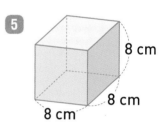
8 cm, 8 cm, 8 cm

(정육면체의 겉넓이)=⬜$\times$⬜$\times 6$

=⬜ (cm²)

6
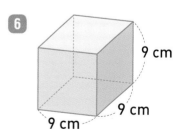
9 cm, 9 cm, 9 cm

(정육면체의 겉넓이)=⬜$\times$⬜$\times 6$

=⬜ (cm²)

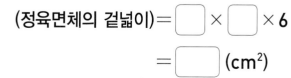

6
단원

정답
23쪽

◆ 정육면체의 겉넓이는 몇 cm²인지 구하세요.

7
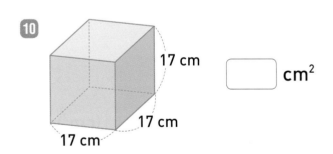
5 cm
5 cm
5 cm

☐ cm²

8
7 cm
7 cm
7 cm

☐ cm²

9
12 cm
12 cm
12 cm

☐ cm²

10
17 cm
17 cm
17 cm

☐ cm²

11
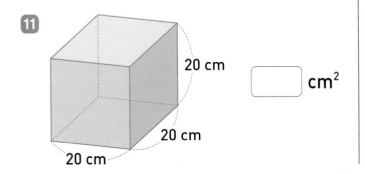
20 cm
20 cm
20 cm

☐ cm²

◆ 정육면체의 겉넓이는 몇 m²인지 구하세요.

12
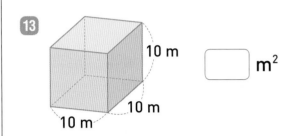
4 m
4 m
4 m

☐ m²

13
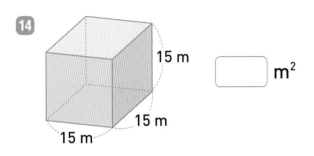
10 m
10 m
10 m

☐ m²

14
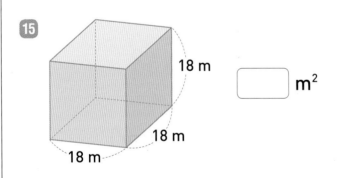
15 m
15 m
15 m

☐ m²

15
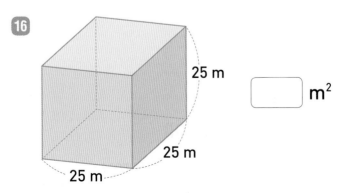
18 m
18 m
18 m

☐ m²

16
25 m
25 m
25 m

☐ m²

◈ 전개도를 이용하여 만든 정육면체의 겉넓이는 몇 cm²인지 구하세요.

17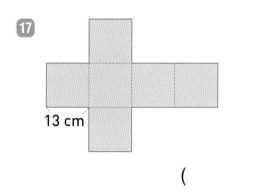

13 cm

(   )

18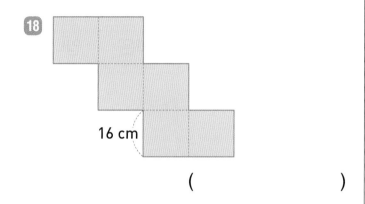

16 cm

(   )

◈ 정육면체에서 한 모서리의 길이가 다음과 같을 때 정육면체의 겉넓이는 몇 m²인지 구하세요.

19 한 모서리의 길이: 6 m

(   )

20 한 모서리의 길이: 9 m

(   )

21 한 모서리의 길이: 14 m

(   )

◈ 직육면체와 정육면체의 겉넓이를 비교하여 ○ 안에 >, =, <를 알맞게 써넣으세요.

22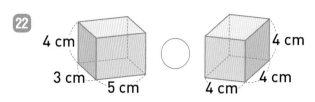

4 cm   3 cm   5 cm   ○   4 cm   4 cm   4 cm

23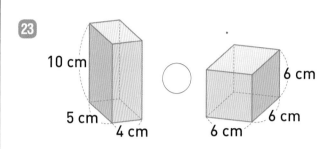

10 cm   5 cm   4 cm   ○   6 cm   6 cm   6 cm

24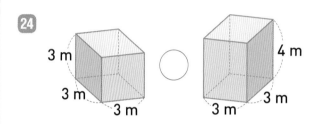

3 m   3 m   3 m   ○   4 m   3 m   3 m

6
단원

정답
23쪽

문장제 + 연산

25 한 모서리의 길이가 24 cm 인 정육면체 모양의 김치통이 있습니다. 이 김치통의 겉넓이는 몇 cm²일까요?

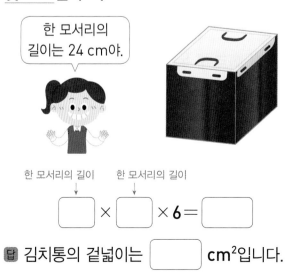

한 모서리의 길이는 24 cm야.

한 모서리의 길이   한 모서리의 길이

☐ × ☐ × 6 = ☐

답 김치통의 겉넓이는 ☐ cm²입니다.

◈ 정육면체 모양의 얼음 조각입니다. 얼음 조각은 겉넓이가 넓을수록 더 빠르게 녹습니다. 얼음 조각의 겉넓이를 구하고, 더 빠르게 녹는 얼음 조각의 기호를 쓰세요.

26

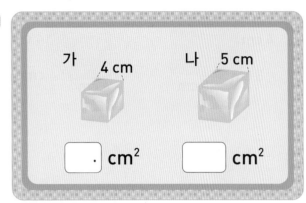

가 4 cm   나 5 cm

[　] . cm^2 [　] cm^2

겉넓이를 비교하면 [　] > [　] 이므로

더 빠르게 녹는 얼음 조각은 [　] 입니다.

28

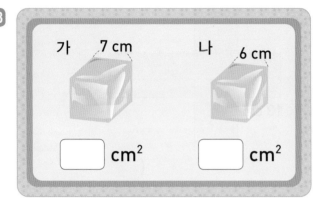

가 7 cm   나 6 cm

[　] cm^2 [　] cm^2

겉넓이를 비교하면 [　] > [　] 이므로

더 빠르게 녹는 얼음 조각은 [　] 입니다.

27

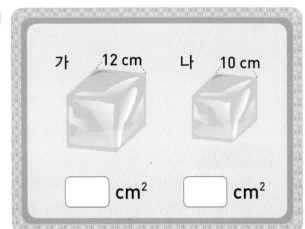

가 12 cm   나 10 cm

[　] cm^2 [　] cm^2

겉넓이를 비교하면 [　] > [　] 이므로

더 빠르게 녹는 얼음 조각은 [　] 입니다.

29

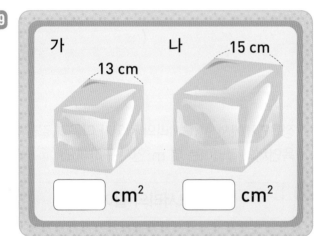

가 13 cm   나 15 cm

[　] cm^2 [　] cm^2

겉넓이를 비교하면 [　] > [　] 이므

로 더 빠르게 녹는 얼음 조각은 [　] 입니다.

실수한 것이 없는지 검토했나요?

예 [　] , 아니요 [　]

38회 테스트 6. 직육면체의 부피와 겉넓이

◆ ☐ 안에 알맞은 수를 써넣으세요.

1 7 m³ = ☐ cm³

2 30 m³ = ☐ cm³

3 62 m³ = ☐ cm³

4 2.9 m³ = ☐ cm³

5 4.5 m³ = ☐ cm³

6 12000000 cm³ = ☐ m³

7 50000000 cm³ = ☐ m³

8 84000000 cm³ = ☐ m³

9 300000 cm³ = ☐ m³

10 9700000 cm³ = ☐ m³

◆ 직육면체와 정육면체의 부피를 구하세요.

11 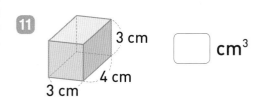 ☐ cm³

12 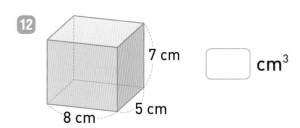 ☐ cm³

13 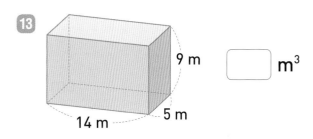 ☐ m³

14 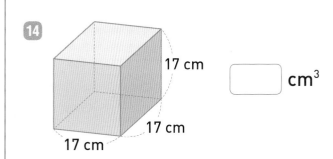 ☐ cm³

15 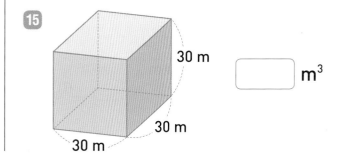 ☐ m³

6단원

정답
23쪽

◆ 직육면체의 겉넓이를 구하세요.

16
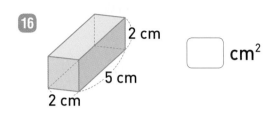
2 cm
5 cm
2 cm
[   ] cm²

17
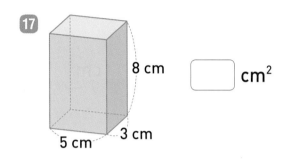
8 cm
5 cm
3 cm
[   ] cm²

18
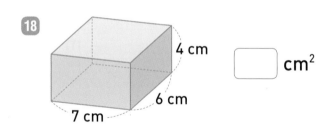
4 cm
6 cm
7 cm
[   ] cm²

19
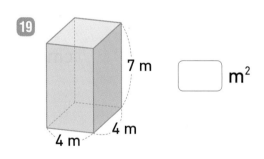
7 m
4 m
4 m
[   ] m²

20
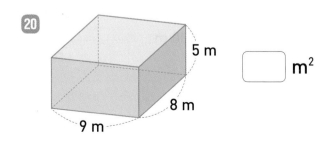
5 m
8 m
9 m
[   ] m²

◆ 정육면체의 겉넓이를 구하세요.

21
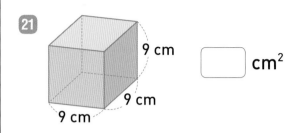
9 cm
9 cm
9 cm
[   ] cm²

22
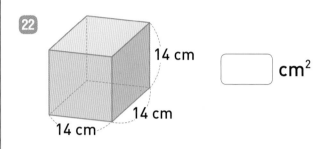
14 cm
14 cm
14 cm
[   ] cm²

23
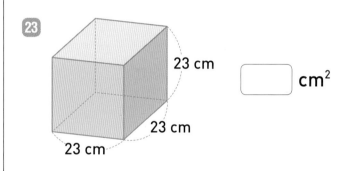
23 cm
23 cm
23 cm
[   ] cm²

24
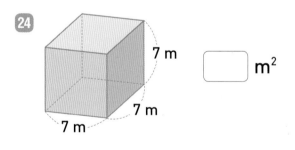
7 m
7 m
7 m
[   ] m²

25
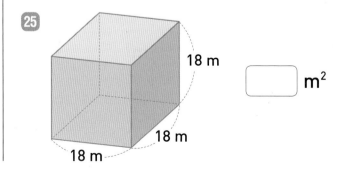
18 m
18 m
18 m
[   ] m²

◈ 부피를 비교하여 ◯ 안에 >, =, <를 알맞게 써넣으세요.

㉖ 6 m³ ◯ 800000 cm³

㉗ 11000000 cm³ ◯ 20 m³

㉘ 17 m³ ◯ 30000000 cm³

㉙ 25000000 cm³ ◯ 9 m³

◈ 직육면체와 정육면체 중 부피가 더 작은 것에 ◯표 하세요.

㉚
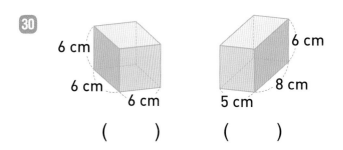
( ) ( )

㉛
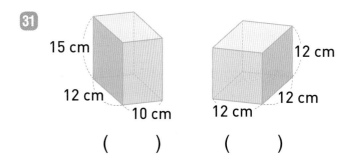
( ) ( )

㉜
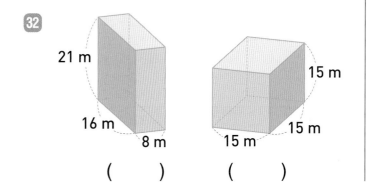
( ) ( )

◈ 전개도를 이용하여 만든 직육면체의 겉넓이는 몇 cm²인지 구하세요.

㉝
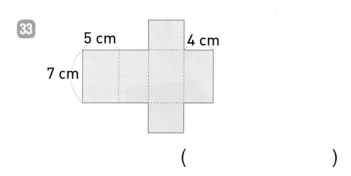
( )

㉞
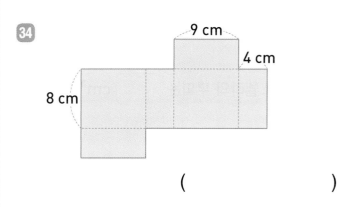
( )

◈ 직육면체와 정육면체의 겉넓이를 비교하여 ◯ 안에 >, =, <를 알맞게 써넣으세요.

㉟
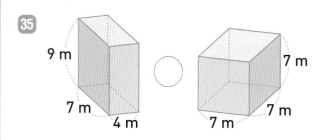

㊱
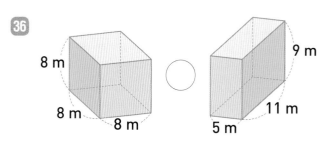

㊲
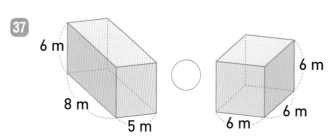

✦ 문제를 읽고 답을 구하세요.

38 성훈이는 직육면체 모양의 카스텔라를 간식으로 먹었습니다. 성훈이가 먹은 카스텔라의 부피는 몇 cm³일까요?

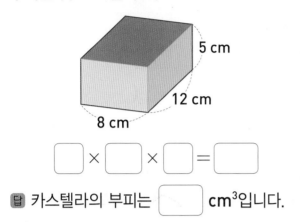

$\boxed{} \times \boxed{} \times \boxed{} = \boxed{}$

답 카스텔라의 부피는 $\boxed{}$ cm³입니다.

39 현지는 정육면체 모양의 주사위를 만들기 위해 다음과 같은 전개도를 그렸습니다. 전개도를 이용하여 만든 주사위의 부피는 몇 cm³일까요?

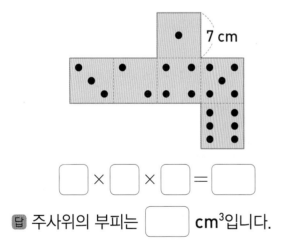

$\boxed{} \times \boxed{} \times \boxed{} = \boxed{}$

답 주사위의 부피는 $\boxed{}$ cm³입니다.

✦ 문제를 읽고 답을 구하세요.

40 직육면체 모양의 두부가 있습니다. 이 두부의 겉넓이는 몇 cm²일까요?

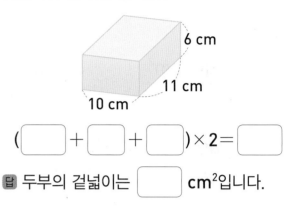

$(\boxed{} + \boxed{} + \boxed{}) \times 2 = \boxed{}$

답 두부의 겉넓이는 $\boxed{}$ cm²입니다.

41 한 모서리의 길이가 16 cm인 정육면체 모양의 선물 상자가 있습니다. 이 선물 상자의 겉넓이는 몇 cm²일까요?

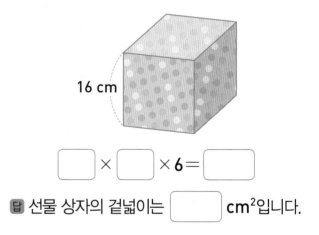

$\boxed{} \times \boxed{} \times 6 = \boxed{}$

답 선물 상자의 겉넓이는 $\boxed{}$ cm²입니다.

• 6단원 테스트 후 맞힌 개수에 따라 아래와 같이 공부하세요.

맞힌 개수	0~28개	29~36개	37~41개
공부 방법	직육면체의 부피와 겉넓이에 대한 이해가 부족해요. 33~37회를 다시 공부해요.	직육면체의 부피와 겉넓이에 대해 이해는 하고 있으나 좀 더 연습이 필요해요.	실수하지 않도록 집중하여 틀린 문제를 확인해요.

동아출판
초등 무료
스마트러닝

동아출판 초등 **무료 스마트러닝**으로 쉽고 재미있게!

무료
스마트
러닝

큐브 유형 2-1 동영상 강의

각종 경시대회에 출제되는 응용, 심화 문제를 통해 실력을 한 단계 높일 수 있습니다.

과목별·영역별 특화 강의

수학 개념 강의

국어 독해 지문 분석 강의

구구단 송

그림으로 이해하는 비주얼씽킹 강의

과학 실험 동영상 강의

과목별 문제 풀이 강의

서비스 제공 교재 큐브 | 백점 과학 | 빠작 초등 국어 | 초능력 | 초고필 | 하이탑 초등 과학

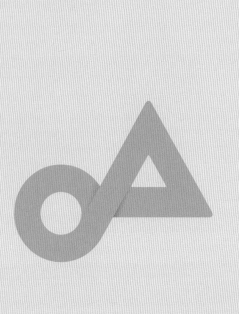

큐브 수학 연산

연산

6·1

정답

동아출판

정답

차례

6·1

007쪽 01회 (자연수)÷(자연수)

007쪽

1 $\dfrac{1}{4}$, $\dfrac{3}{4}$

2 $\dfrac{1}{5}$, $\dfrac{2}{5}$

3 $\dfrac{1}{7}$, $\dfrac{4}{7}$

4 $\dfrac{3}{5}$

5 $\dfrac{5}{8}$

6 $\dfrac{6}{7}$

7 $\dfrac{5}{3}$, $1\dfrac{2}{3}$

8 $\dfrac{9}{7}$, $1\dfrac{2}{7}$

9 $\dfrac{12}{5}$, $2\dfrac{2}{5}$

009쪽

30 (위에서부터) $\dfrac{7}{12}$, $1\dfrac{2}{5}$

31 (위에서부터) $\dfrac{4}{5}$, $3\dfrac{1}{5}$

32 $2\dfrac{2}{3}$, $\dfrac{5}{9}$

33 $1\dfrac{8}{13}$, $\dfrac{8}{13}$

34 (   )(○)

35 (   )(○)

36 (○)(   )

37 (○)(   )

38 (   )(○)

39 3, 7, $\dfrac{3}{7}$ / $\dfrac{3}{7}$

010쪽

40 $\dfrac{1}{2}$, $\dfrac{2}{3}$

41 $\dfrac{3}{5}$, $\dfrac{2}{7}$

42 $1\dfrac{1}{2}$, $1\dfrac{1}{3}$

008쪽

10 ① $\dfrac{1}{8}$ ② $\dfrac{1}{14}$

11 ① $\dfrac{2}{5}$ ② $\dfrac{2}{9}$

12 ① $\dfrac{4}{9}$ ② $\dfrac{4}{13}$

13 ① $\dfrac{5}{12}$ ② $\dfrac{5}{16}$

14 ① $\dfrac{2}{3}$ ② $\dfrac{3}{7}$

15 ① $\dfrac{7}{10}$ ② $\dfrac{7}{15}$

16 ① $\dfrac{9}{13}$ ② $\dfrac{9}{16}$

17 ① $\dfrac{2}{3}$ ② $\dfrac{4}{7}$

18 ① $\dfrac{7}{10}$ ② $\dfrac{14}{25}$

19 ① $\dfrac{17}{28}$ ② $\dfrac{17}{35}$

20 ① $1\dfrac{2}{3}$ ② $2\dfrac{2}{3}$

21 ① $2\dfrac{3}{4}$ ② $4\dfrac{1}{4}$

22 ① $1\dfrac{3}{5}$ ② $3\dfrac{2}{5}$

23 ① $2\dfrac{1}{7}$ ② $2\dfrac{6}{7}$

24 ① $1\dfrac{1}{2}$ ② $2\dfrac{5}{8}$

25 ① $1\dfrac{5}{9}$ ② $3\dfrac{4}{9}$

26 ① $1\dfrac{8}{11}$ ② $3\dfrac{3}{11}$

27 ① $1\dfrac{1}{4}$ ② $2\dfrac{1}{12}$

28 ① $2\dfrac{1}{6}$ ② $3\dfrac{5}{18}$

29 ① $1\dfrac{4}{11}$ ② $2\dfrac{7}{22}$

011쪽 02회 (분수)÷(자연수)(1)

011쪽

1 2, 2, 2 / 2

2 2, 2, 2, 2 / 2

3 3, 3, 3 / 3

4 5, 5 / 5

5 2, 1

6 2, 2

7 5, 1

8 12, 3, 4

9 15, 5, 3

10 21, 3, 7

11 32, 8, 4

012쪽

12 ① $\dfrac{4}{5}$ ② $\dfrac{2}{5}$

13 ① $\dfrac{2}{7}$ ② $\dfrac{1}{7}$

14 ① $\dfrac{5}{11}$ ② $\dfrac{2}{11}$

15 ① $\dfrac{4}{13}$ ② $\dfrac{2}{13}$

16 ① $\dfrac{10}{17}$ ② $\dfrac{4}{17}$

17 ① $\dfrac{12}{19}$ ② $\dfrac{4}{19}$

18 ① $\dfrac{10}{23}$ ② $\dfrac{5}{23}$

19 ① $\dfrac{14}{25}$ ② $\dfrac{4}{25}$

20 ① $\dfrac{9}{32}$ ② $\dfrac{3}{32}$

21 ① $\dfrac{3}{7}$ ② $\dfrac{5}{7}$

22 ① $\dfrac{7}{15}$ ② $\dfrac{11}{15}$

23 ① $\dfrac{1}{10}$ ② $\dfrac{7}{10}$

24 ① $\dfrac{2}{9}$ ② $\dfrac{4}{9}$

25 ① $\dfrac{5}{21}$ ② $\dfrac{8}{21}$

26 ① $\dfrac{2}{13}$ ② $\dfrac{5}{13}$

27 ① $\dfrac{2}{17}$ ② $\dfrac{5}{17}$

28 ① $\dfrac{3}{26}$ ② $\dfrac{5}{26}$

29 ① $\dfrac{2}{19}$ ② $\dfrac{5}{19}$

013쪽

30 $\dfrac{4}{7}$, $\dfrac{3}{7}$

31 $\dfrac{7}{31}$, $\dfrac{2}{31}$

32 $\dfrac{3}{11}$, $\dfrac{3}{13}$

33 $\dfrac{5}{16}$, $\dfrac{7}{23}$

34 $\dfrac{4}{27}$, $\dfrac{3}{31}$

35 $<$

36 $>$

37 $>$

38 $<$

39 $>$

40 $\dfrac{40}{11}$, 4, $\dfrac{10}{11}$ / $\dfrac{10}{11}$

014쪽

41 $\dfrac{5}{8}$, 5, $\dfrac{1}{8}$

42 $\dfrac{9}{4}$, 3, $\dfrac{3}{4}$

43 $\dfrac{4}{5}$, 2, $\dfrac{2}{5}$

44 $\dfrac{14}{9}$, 7, $\dfrac{2}{9}$

015쪽 03회 (분수)÷(자연수)(2)

015쪽

1 8, 2

2 15, 3

3 12, 4

4 $\dfrac{1}{5}$, $\dfrac{1}{20}$

5 $\dfrac{1}{3}$, $\dfrac{5}{18}$

6 $\dfrac{1}{7}$, $\dfrac{3}{56}$

7 $\dfrac{1}{6}$, $\dfrac{11}{54}$

8 $\dfrac{1}{4}$, $\dfrac{13}{40}$

9 $\dfrac{1}{3}$, $\dfrac{17}{36}$

016쪽

10 ① $\dfrac{3}{8}$ ② $\dfrac{3}{32}$

11 ① $\dfrac{2}{21}$ ② $\dfrac{2}{35}$

12 ① $\dfrac{3}{20}$ ② $\dfrac{9}{80}$

13 ① $\dfrac{16}{65}$ ② $\dfrac{4}{39}$

14 ① $\dfrac{21}{64}$ ② $\dfrac{7}{48}$

15 ① $\dfrac{9}{40}$ ② $\dfrac{9}{100}$

16 ① $\dfrac{2}{9}$ ② $\dfrac{5}{9}$

17 ① $\dfrac{1}{10}$ ② $\dfrac{9}{20}$

18 ① $\dfrac{5}{48}$ ② $\dfrac{9}{16}$

19 ① $\dfrac{3}{70}$ ② $\dfrac{19}{70}$

20 ① $\dfrac{7}{68}$ ② $\dfrac{15}{68}$

21 ① $\dfrac{7}{72}$ ② $\dfrac{23}{72}$

017쪽

22 $\dfrac{12}{35}$

23 $\dfrac{10}{33}$

24 $\dfrac{4}{39}$

25 $\dfrac{4}{15}$, $\dfrac{4}{75}$

26 $\dfrac{3}{22}$, $\dfrac{3}{88}$

27 $\dfrac{9}{28}$, $\dfrac{3}{56}$

28 $\dfrac{5}{6} \div 4$

29 $\dfrac{4}{3} \div 14$

30 $\dfrac{7}{12} \div 5$

31 $\dfrac{11}{9} \div 10$

32 $\dfrac{3}{5}$, 6, $\dfrac{1}{10}$ / $\dfrac{1}{10}$

018쪽

33 (   )(○)(   )(   )

34 (   )(   )(○)(   )

35 (   )(   )(   )(○)

36 (   )(○)(   )(   )

019쪽   **04회** (대분수)÷(자연수)(1)

019쪽

1 4, 4 / 8, 4

2 3, 3, 3 / 9, 3

3 2, 2, 2, 2 / 8, 2

4 ① 9, 3   ② 9, 3, 3

5 ① 25, 5   ② 25, 5, 5

6 ① 27, 3   ② 27, 9, 3

7 ① 27, 3   ② 27, 9, 3

020쪽

8 ① $\frac{6}{7}$ ② $\frac{3}{7}$

9 ① $\frac{8}{9}$ ② $\frac{2}{9}$

10 ① $\frac{4}{5}$ ② $\frac{2}{5}$

11 ① $\frac{6}{7}$ ② $\frac{3}{7}$

12 ① $\frac{5}{8}$ ② $\frac{3}{8}$

13 ① $\frac{4}{5}$ ② $\frac{3}{5}$

14 ① $1\frac{1}{5}$ ② $2\frac{2}{7}$

15 ① $1\frac{5}{9}$ ② $2\frac{1}{5}$

16 ① $1\frac{1}{8}$ ② $1\frac{1}{2}$

17 ① $1\frac{1}{5}$ ② $2\frac{1}{4}$

18 ① $1\frac{1}{3}$ ② $1\frac{3}{5}$

19 ① $1\frac{1}{7}$ ② $1\frac{1}{2}$

021쪽

20 $\frac{5}{13}$

21 $\frac{7}{10}$

22 $2\frac{1}{4}$, $\frac{3}{7}$

23 $1\frac{1}{8}$, $\frac{5}{9}$

24 $1\frac{1}{5}$, $\frac{6}{11}$

25 =

26 <

27 >

28 <

29 >

30 $10\frac{2}{5}$, 4, $2\frac{3}{5}$ / $2\frac{3}{5}$

022쪽

31 $1\frac{2}{5}$ m

32 $1\frac{1}{3}$ m

33 $\frac{4}{5}$ m

34 $1\frac{1}{7}$ m

35 $\frac{8}{9}$ m

36 $\frac{4}{7}$ m

023쪽   **05회** (대분수)÷(자연수)(2)

023쪽

1 2 / 5, 5, 2, 5

2 4 / 7, 7, 4, $\frac{7}{16}$

3 ① 10, 30, 10
   ② 10, 3, $\frac{10}{21}$

4 ① 13, 52, 13
   ② 13, 4, $\frac{13}{16}$

5 ① 13, 91, 13
   ② 13, 7, $\frac{13}{14}$

024쪽

6 ① $\frac{7}{12}$ ② $\frac{7}{20}$

7 ① $\frac{7}{12}$ ② $\frac{7}{24}$

8 ① $\frac{23}{30}$ ② $\frac{23}{48}$

9 ① $\frac{9}{10}$ ② $\frac{9}{20}$

10 ① $\frac{23}{28}$ ② $\frac{23}{35}$

11 ① $\frac{5}{8}$ ② $\frac{15}{32}$

12 ① $1\frac{1}{10}$ ② $2\frac{11}{14}$

13 ① $1\frac{10}{21}$ ② $2\frac{5}{12}$

14 ① $1\frac{11}{24}$ ② $2\frac{7}{18}$

15 ① $1\frac{1}{14}$ ② $2\frac{5}{8}$

16 ① $1\frac{9}{35}$ ② $1\frac{9}{14}$

17 ① $1\frac{7}{36}$ ② $1\frac{8}{21}$

025쪽

18 $\frac{32}{45}$, $\frac{32}{63}$

19 $1\frac{11}{16}$, $\frac{9}{16}$

20 $1\frac{5}{12}$, $\frac{17}{72}$

21 $1\frac{7}{15}$, $\frac{22}{75}$

22 $2\frac{4}{9}$, $\frac{11}{18}$

23 $4\frac{1}{2} \div 5$

24 $2\frac{3}{8} \div 3$

25 $3\frac{3}{4} \div 4$

26 $3\frac{1}{2} \div 4$

27 $12\frac{1}{3}$, 11, $1\frac{4}{33}$ / $1\frac{4}{33}$

026쪽

28 $6\frac{1}{2} \div 3$, $4\frac{5}{9} \div 2$, $7\frac{2}{3} \div 2$

29 $10\frac{1}{3} \div 2$, $9\frac{1}{2} \div 2$

30 $4\frac{3}{5} \div 4$, $6\frac{1}{2} \div 3$

31 $5\frac{5}{7} \div 3$, $3\frac{3}{4} \div 2$

027쪽 06회 1단원 테스트

027쪽

1 ① $\frac{1}{7}$ ② $\frac{1}{12}$

2 ① $\frac{2}{5}$ ② $\frac{2}{9}$

3 ① $\frac{7}{11}$ ② $\frac{7}{16}$

4 ① $\frac{15}{16}$ ② $\frac{5}{7}$

5 ① $\frac{6}{7}$ ② $\frac{24}{35}$

6 ① $1\frac{2}{5}$ ② $2\frac{1}{5}$

7 ① $1\frac{1}{9}$ ② $1\frac{4}{9}$

8 ① $1\frac{1}{5}$ ② $2\frac{1}{10}$

9 ① $1\frac{6}{7}$ ② $2\frac{1}{2}$

10 ① $1\frac{2}{9}$ ② $1\frac{13}{27}$

11 ① $\frac{4}{11}$ ② $\frac{2}{11}$

12 ① $\frac{5}{17}$ ② $\frac{2}{17}$

13 ① $\frac{3}{20}$ ② $\frac{11}{20}$

14 ① $\frac{7}{16}$ ② $\frac{7}{40}$

15 ① $\frac{8}{45}$ ② $\frac{8}{75}$

16 ① $\frac{7}{92}$ ② $\frac{15}{92}$

028쪽

17 ① $\frac{4}{9}$ ② $\frac{2}{9}$

18 ① $\frac{7}{11}$ ② $\frac{6}{11}$

19 ① $\frac{5}{7}$ ② $\frac{3}{7}$

20 ① $1\frac{2}{13}$ ② $2\frac{4}{7}$

21 ① $1\frac{1}{7}$ ② $2\frac{3}{5}$

22 ① $1\frac{1}{8}$ ② $1\frac{4}{9}$

23 ① $\frac{17}{21}$ ② $\frac{17}{35}$

24 ① $\frac{23}{35}$ ② $\frac{23}{45}$

25 ① $\frac{11}{12}$ ② $\frac{11}{20}$

26 ① $1\frac{5}{18}$ ② $1\frac{11}{12}$

27 ① $1\frac{1}{14}$ ② $2\frac{3}{10}$

28 ① $1\frac{1}{18}$ ② $1\frac{11}{12}$

029쪽

29 $\frac{7}{60}$

30 $\frac{4}{7}$

31 $\frac{3}{8}$, $1\frac{3}{5}$

32 $\frac{2}{9}$, $\frac{5}{26}$

33 $\frac{5}{7}$, $\frac{9}{16}$

34 $\frac{3}{5}$, $\frac{1}{15}$

35 $2\frac{1}{5}$, $\frac{11}{20}$

36 $\frac{7}{8}$, $\frac{7}{16}$

37 <

38 >

39 >

40 <

030쪽

41 2, 9, $\frac{2}{9}$ / $\frac{2}{9}$

42 $\frac{6}{7}$, 4, $\frac{3}{14}$ / $\frac{3}{14}$

43 $4\frac{1}{2}$, 3, $1\frac{1}{2}$ / $1\frac{1}{2}$

44 $20\frac{3}{4}$, 3, $6\frac{11}{12}$ / $6\frac{11}{12}$

033쪽 07회 각기둥

033쪽

1 삼각기둥

2 사각기둥

3 오각기둥

4 칠각기둥

5 (왼쪽에서부터)
높이, 꼭짓점

6 (왼쪽에서부터)
모서리, 꼭짓점

7 (왼쪽에서부터)
높이, 모서리

8 (왼쪽에서부터)
모서리, 높이, 꼭짓점

035쪽

17 삼각기둥

18 오각기둥

19 육각기둥

20 팔각기둥

21 >

22 <

23 <

24 >

25 2, 6, 2, 12 / 12

034쪽

9 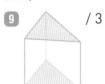 / 3

10  / 5

11  / 4

12  / 7

13 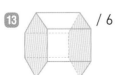 / 6

14 4, 8, 6, 12

15 6, 12, 8, 18

16 7, 14, 9, 21

036쪽

26 사각기둥

27 오각기둥

28 삼각기둥

29 오각기둥

30 사각기둥

31 육각기둥

037쪽 08회 각기둥의 전개도

037쪽

1 삼각기둥

2 사각기둥

3 오각기둥

4 육각기둥

5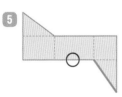

6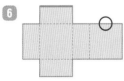

7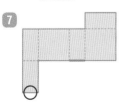

8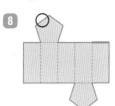

038쪽

9 (○) ( )

10 ( ) (○)

11 ( ) (○)

12 사각기둥

13 오각기둥

14 육각기둥

15 팔각기둥

039쪽

16 (왼쪽에서부터) 7, 5, 3

17 (왼쪽에서부터) 9, 5, 5

18 (왼쪽에서부터) 6, 5 / 5, 7

19 (왼쪽에서부터) 8, 10 / 4

20 36 cm

21 30 cm

22 3, 6, 3, 18 / 18

040쪽

23 민수

24 수지

041쪽 09회 각뿔

041쪽

1 삼각뿔

2 오각뿔

3 육각뿔

4 칠각뿔

5 (왼쪽에서부터)
모서리, 각뿔의 꼭짓점

6 (왼쪽에서부터)
모서리, 꼭짓점

7 (왼쪽에서부터)
모서리, 높이

8 (왼쪽에서부터)
높이, 꼭짓점

042쪽

9 / 5

10 / 3

11 / 4

12 / 7

13 / 6

14 4, 5, 5, 8

15 5, 6, 6, 10

16 7, 8, 8, 14

043쪽

17 사각뿔

18 오각뿔

19 육각뿔

20 팔각뿔

21 삼각뿔의 모서리의 수

22 사각뿔의 면의 수

23 구각뿔의 꼭짓점의 수

24 육각뿔의 면의 수

25 2, 4, 2, 8 / 8

044쪽

26

27

045쪽 10회 2단원 테스트

045쪽

1 3, 6, 5, 9

4 ( ) (○)

2 5, 10, 7, 15

5 (○) ( )

3 8, 16, 10, 24

6 (○) ( )

046쪽

7 삼각기둥

11 3, 4, 4, 6

8 사각기둥

12 6, 7, 7, 12

9 사각기둥

13 8, 9, 9, 16

10 오각기둥

047쪽

14 삼각뿔

18 58 cm

15 사각기둥

19 40 cm

16 십각뿔

20 <

17 팔각기둥

21 <

22 >

23 =

048쪽

24 2, 8, 2, 10 / 10

26 6, 6, 2, 6, 2, 12 / 12

25 9, 6, 3 / 3

27 10, 6, 16 / 16

051쪽 11회 (소수)÷(자연수)(1)

051쪽

1 32, 3.2

5 45, 45, 15, 1.5

2 19, 1.9

6 68, 68, 34, 3.4

3 37, 3.7

7 75, 75, 15, 1.5

4 26, 2.6

8 96, 96, 16, 1.6

052쪽

9 ① 24, 2.4 ② 16, 1.6

15 ① 3.8 ② 5.9

10 ① 18, 1.8 ② 12, 1.2

16 ① 7.2 ② 12.8

11 ① 55, 5.5 ② 33, 3.3

17 ① 3.9 ② 6.7

12 ① 49, 4.9 ② 35, 3.5

18 ① 3.9 ② 8.3

13 ① 72, 7.2 ② 54, 5.4

19 ① 2.4 ② 5.7

14 ① 99, 9.9 ② 77, 7.7

20 ① 3.8 ② 6.5

21 ① 4.2 ② 8.6

22 ① 6.3 ② 9.4

053쪽

23 9.6, 4.8

29 ( ) (○)

24 9.1, 6.5

30 (○) ( )

25 9.9, 6.6

31 (○) ( )

26 3.8, 4.3

32 ( ) (○)

27 8.7, 7.6

33 (○) ( )

28 5.9, 7.3

34 79.2, 3, 26.4 / 26.4

054쪽

35 (○) ( )

38 ( ) (○)

36 ( ) (○)

39 (○) ( )

37 (○) ( )

40 ( ) (○)

055쪽

1 156, 1.56

2 125, 1.25

3 112, 1.12

4 136, 1.36

5 ①
```
      2.3 7
  7 ) 1 6.5 9
      1 4
        2 5
        2 1
          4 9
          4 9
            0
```
②
```
      2.1 4
  9 ) 1 9.2 6
      1 8
        1 2
          9
          3 6
          3 6
            0
```

6 ①
```
      1 2.9 5
  3 ) 3 8.8 5
      3
      8
      6
      2 8
      2 7
        1 5
        1 5
          0
```
②
```
      1 1.3 5
  5 ) 5 6.7 5
      5
      6
      5
      1 7
      1 5
        2 5
        2 5
          0
```

056쪽

7 ① 6.88 ② 3.44

8 ① 5.35 ② 3.21

9 ① 7.11 ② 2.37

10 ① 8.12 ② 4.64

11 ① 7.76 ② 5.82

12 ① 7.92 ② 6.16

13 ① 4.32 ② 7.14

14 ① 4.52 ② 6.83

15 ① 4.46 ② 5.76

16 ① 3.13 ② 7.19

17 ① 4.27 ② 8.42

18 ① 6.32 ② 9.14

19 ① 4.72 ② 7.39

20 ① 5.46 ② 7.58

057쪽

21 14.32, 8.29

22 12.67, 9.18

23 9.34, 6.45

24 10.24, 1.28

25 11.58, 1.93

26 7.64, 1.91

27 (○)
( )

28 ( )
(○)

29 ( )
(○)

30 (○)
( )

31 8.75, 7, 1.25 / 1.25

058쪽

32 9.12

33 68.26, 2, 34.13

34 28.84, 7, 4.12

35 60.55, 5, 12.11

36 72.51, 3, 24.17

37 37.44, 6, 6.24

059쪽

1 ( ) (○)

2 (○) ( )

3 ( ) (○)

4 ( ) (○)

5 (○) ( )

6 ( ) (○)

7 ①
```
      0.4 7
  3 ) 1.4 1
      1 2
        2 1
        2 1
          0
```
②
```
      0.8 9
  2 ) 1.7 8
      1 6
        1 8
        1 8
          0
```

8 ①
```
      0.6 6
  4 ) 2.6 4
      2 4
        2 4
        2 4
          0
```
②
```
      0.7 9
  5 ) 3.9 5
      3 5
        4 5
        4 5
          0
```

9 ①
```
      0.5 4
  8 ) 4.3 2
      4 0
        3 2
        3 2
          0
```
②
```
      0.6 8
  9 ) 6.1 2
      5 4
        7 2
        7 2
          0
```

060쪽

10 ① 0.98 ② 0.28
11 ① 0.68 ② 0.51
12 ① 0.63 ② 0.35
13 ① 0.93 ② 0.62
14 ① 0.96 ② 0.72
15 ① 0.99 ② 0.77

16 ① 0.71 ② 0.92
17 ① 0.49 ② 0.85
18 ① 0.46 ② 0.78
19 ① 0.39 ② 0.73
20 ① 0.38 ② 0.99
21 ① 0.38 ② 0.81
22 ① 0.46 ② 0.87
23 ① 0.46 ② 0.87

061쪽

24 0.87, 0.63
25 0.95, 0.62
26 0.72, 0.54
27 0.74, 0.89
28 0.67, 0.63
29 0.89, 0.97

30 <
31 >
32 >
33 =
34 <
35 <
36 3.48, 6, 0.58 / 0.58

062쪽

37 ① 국 ② 가 ③ 대 ④ 표 ◆ 국가대표
38 ① 백 ② 과 ③ 사 ④ 전 ◆ 백과사전

063쪽 **14회 (소수)÷(자연수)(4)**

063쪽

1 ① 7, 1 ② 75, 0.75
2 ① 6, 4 ② 68, 0.68
3 ① 4, 4 ② 45, 0.45
4 ① 9, 3 ② 95, 0.95

5 ①
```
      0.6 5
  2 ) 1.3 0
      1 2
        1 0
        1 0
          0
```
②
```
      0.3 2
  5 ) 1.6 0
      1 5
        1 0
        1 0
          0
```

6 ①
```
      0.3 5
  6 ) 2.1 0
      1 8
        3 0
        3 0
          0
```
②
```
      0.9 5
  4 ) 3.8 0
      3 6
        2 0
        2 0
          0
```

7 ①
```
      0.8 8
  5 ) 4.4 0
      4 0
        4 0
        4 0
          0
```
②
```
      0.6 5
  8 ) 5.2 0
      4 8
        4 0
        4 0
          0
```

064쪽

8 ① 0.85 ② 0.34
9 ① 0.45 ② 0.36
10 ① 0.42 ② 0.35
11 ① 0.56 ② 0.35
12 ① 0.85 ② 0.68
13 ① 0.78 ② 0.65

14 ① 0.55 ② 0.95
15 ① 0.35 ② 0.55
16 ① 0.44 ② 0.76
17 ① 0.54 ② 0.86
18 ① 0.64 ② 0.96
19 ① 0.45 ② 0.55
20 ① 0.75 ② 0.95
21 ① 0.55 ② 0.95

065쪽

22 ① 0.65 ② 0.92

23 ① 0.82 ② 0.85

24 (위에서부터) 0.24, 0.15

25 (위에서부터) 0.66, 0.55

26 (위에서부터) 0.72, 0.45

27 2.9÷5

28 2.1÷6

29 2.8÷8

30 3.1÷5

31 4.7÷5

32 2.2÷4

33 1.5, 6, 0.25 / 0.25

066쪽

34 수호

35 재민

067쪽 15회 (소수)÷(자연수)(5)

067쪽

1 ① 26, 1 ② 265, 2.65

2 ① 12, 2 ② 124, 1.24

3 ① 23, 2 ② 235, 2.35

4 ①
```
        1.3 5
   6 ) 8.1 0
        6
        2 1
        1 8
          3 0
          3 0
            0
```
②
```
        1.9 2
   5 ) 9.6 0
        5
        4 6
        4 5
          1 0
          1 0
            0
```

5 ①
```
        1 1.7 5
   2 ) 2 3.5 0
        2
        3
        2
        1 5
        1 4
          1 0
          1 0
            0
```
②
```
        1 2.6 5
   4 ) 5 0.6 0
        4
        1 0
          8
        2 6
        2 4
          2 0
          2 0
            0
```

068쪽

6 ① 2.85 ② 1.14

7 ① 2.325 ② 1.86

8 ① 2.32 ② 1.45

9 ① 3.54 ② 2.95

10 ① 15.65 ② 6.26

11 ① 13.15 ② 10.52

12 ① 1.95 ② 5.65

13 ① 1.65 ② 5.35

14 ① 3.15 ② 6.95

15 ① 3.12 ② 7.56

16 ① 4.32 ② 8.84

17 ① 3.25 ② 5.85

18 ① 3.85 ② 7.55

19 ① 3.85 ② 6.65

069쪽

20 5.95

21 5.65

22 7.15

23 4.55, 4.35

24 3.65, 4.28

25 5.16, 5.45

26 >

27 <

28 >

29 <

30 >

31 =

32 23.4, 4, 5.85 / 5.85

070쪽

33 9.25

34 4.64

35 6.65

36 3.45

37 4.65

38 3.85

071쪽 16회 (소수)÷(자연수)(6)

071쪽

1 105, 1.05

2 208, 2.08

3 109, 1.09

4 103, 1.03

5 ①
```
      2.0 6
  2 ) 4.1 2
      4
        1 2
        1 2
          0
```
②
```
      1.0 4
  6 ) 6.2 4
      6
        2 4
        2 4
          0
```

6 ①
```
      1.0 6
  7 ) 7.4 2
      7
        4 2
        4 2
          0
```
②
```
      3.0 7
  3 ) 9.2 1
      9
        2 1
        2 1
          0
```

7 ①
```
      2.0 4
  8 ) 1 6.3 2
      1 6
          3 2
          3 2
            0
```
②
```
      5.0 9
  5 ) 2 5.4 5
      2 5
          4 5
          4 5
            0
```

072쪽

8 ① 3.09 ② 1.03
9 ① 8.08 ② 2.02
10 ① 8.04 ② 4.02
11 ① 7.07 ② 5.05
12 ① 16.08 ② 6.03
13 ① 9.06 ② 6.04
14 ① 6.02 ② 9.08
15 ① 5.06 ② 8.09
16 ① 5.07 ② 8.03
17 ① 5.06 ② 9.04
18 ① 5.08 ② 7.09
19 ① 5.02 ② 8.04
20 ① 6.07 ② 9.08
21 ① 6.05 ② 9.03

073쪽

22 2.08, 6.04
23 5.03, 8.07
24 4.02, 7.06
25 2.08, 1.04
26 4.08, 1.02
27 6.03, 2.01
28 ㉡
29 ㉠
30 ㉡
31 ㉠
32 72.54, 9, 8.06 / 8.06

074쪽

33 6.07
34 7.03
35 2.04
36 3.09
37 3.06
38 8.09

◈ 강 건너 불구경

075쪽 17회 (소수)÷(자연수)(7)

075쪽

1 105, 1.05
2 205, 2.05
3 605, 6.05
4 408, 4.08

5 ①
```
      1.0 5
  2 ) 2.1 0
      2
        1 0
        1 0
          0
```
②
```
      1.0 5
  4 ) 4.2 0
      4
        2 0
        2 0
          0
```

6 ①
```
      1.0 8
  5 ) 5.4 0
      5
        4 0
        4 0
          0
```
②
```
      4.0 5
  2 ) 8.1 0
      8
        1 0
        1 0
          0
```

7 ①
```
      2.0 5
  8 ) 1 6.4 0
      1 6
          4 0
          4 0
            0
```
②
```
      5.0 6
  5 ) 2 5.3 0
      2 5
          3 0
          3 0
            0
```

076쪽

8 ① 2.05 ② 8.05

9 ① 2.05 ② 6.05

10 ① 2.06 ② 8.04

11 ① 5.08 ② 9.02

12 ① 6.05 ② 7.05

13 ① 7.05 ② 9.05

14 ① 5.05 ② 7.05

15 ① 3.05 ② 8.05

16 ① 4.05 ② 9.05

17 ① 4.02 ② 8.02

18 ① 4.08 ② 7.06

19 ① 2.05 ② 9.05

20 ① 4.05 ② 8.05

21 ① 5.05 ② 8.05

077쪽

22 ① 3.05 ② 7.04

23 ① 3.08 ② 5.05

24 ① 3.05 ② 8.06

25 6.05, 5.04

26 4.06, 4.05

27 9.05, 7.05

28 ㉠

29 ㉡

30 ㉠

31 ㉡

32 30.4, 5, 6.08 / 6.08

078쪽

33 주경야독

34 일석이조

35 대기만성

36 고진감래

079쪽 **18회** (자연수)÷(자연수)의 몫을 소수로 나타내기

079쪽

1 1, 1, 2, 0.2

2 3, 3, 15, 1.5

3 3, 3, 75, 0.75

4 5, 5, 625, 0.625

5 ①
```
        6.5
   2 ) 1 3.0
       1 2
         1 0
         1 0
             0
```
②
```
        4.5
   4 ) 1 8.0
       1 6
         2 0
         2 0
             0
```

6 ①
```
        5.2
   5 ) 2 6.0
       2 5
         1 0
         1 0
             0
```
②
```
        3.5
   8 ) 2 8.0
       2 4
         4 0
         4 0
             0
```

7 ①
```
          3.7 5
   12 ) 4 5.0 0
        3 6
          9 0
          8 4
            6 0
            6 0
               0
```
②
```
          2.1 2
   25 ) 5 3.0 0
        5 0
          3 0
          2 5
            5 0
            5 0
               0
```

080쪽

8 ① 1.8 ② 0.6

9 ① 7.5 ② 2.5

10 ① 5.25 ② 2.625

11 ① 16.5 ② 2.75

12 ① 8.4 ② 1.68

13 ① 6.125 ② 3.5

14 ① 3.5 ② 8.5

15 ① 0.75 ② 3.25

16 ① 2.8 ② 4.8

17 ① 2.5 ② 3.75

18 ① 2.5 ② 3.25

19 ① 1.2 ② 3.2

20 ① 1.5 ② 2.75

21 ① 1.25 ② 2.4

081쪽

22 12.5, 4.5

23 6.2, 3.8

24 6.25, 5.5

25 (위에서부터)
1.75, 0.4, 10.5, 2.4

26 (위에서부터)
6.5, 0.25, 10.4, 0.4

27 ( ) ( ) (○)

28 (○) ( ) ( )

29 ( ) (○) ( )

30 ( ) ( ) (○)

31 18, 8, 2.25 / 2.25

082쪽

32 17, 2, 8.5

33 33, 6, 5.5

34 58, 8, 7.25

35 23, 4, 5.75

36 41, 5, 8.2

37 72, 15, 4.8

083쪽 19회 몫의 소수점 위치 확인하기

083쪽

1 6

2 16

3 20

4 24

5 27

6 35

7 예 13, 4, 3 / 3○2○4

8 예 20, 5, 4 / 4○0○7

9 예 32, 2, 16 / 1○6○2

10 예 38, 3, 13 / 1○2○5

084쪽

11 ① 1○9○6 ② 1○9○6

12 ① 3○2○7 ② 3○2○7

13 ① 1○8○3 ② 1○8○3

14 ① 2○3○8 ② 2○3○8

15 ① 1○4○5 ② 1○4○5

16 ① 1○0○6 ② 1○0○6

17 ① 1○7○2 ② 1○7○2

18 ① 8○5○4 ② 1○7○9

19 ① 1○7○2 ② 6○3○8

20 ① 2○6○3 ② 1○5○7

21 ① 2○9○1 ② 7○0○9

22 ① 0○9○2 ② 1○5○4

23 ① 1○2○8 ② 0○8○2

24 ① 1○0○3 ② 1○6○2

085쪽

25 76.2÷3=25.4

26 8.28÷6=1.38

27 19.76÷8=2.47

28 16.17÷7=23.1

29 4.05÷9=4.5

30 42.4÷8=0.53

31 2.08÷2

32 14.21÷7

33 32.4÷9

34 24.6÷6

35 예 24, 3, 8 / 8○1○5 / 8.15

086쪽

36 ( )　(○)　( )

37 ( )　( )　(○)

38 (○)　( )　( )

39 (○)　( )　( )

40 ( )　( )　(○)

41 ( )　( )　(○)

◆ 인천국제공항

087쪽 20회 3단원 테스트

087쪽

1 ① 2.8 ② 1.4

2 ① 5.26 ② 2.63

3 ① 8.82 ② 3.78

4 ① 0.72 ② 0.48

5 ① 0.99 ② 0.55

6 ① 0.65 ② 0.52

7 ① 3.65 ② 1.46

8 ① 2.64 ② 1.65

9 ① 2.09 ② 4.07

10 ① 2.05 ② 3.06

11 ① 5.5 ② 2.75

12 ① 7.8 ② 6.5

088쪽

13 ① 2.3 ② 4.8

14 ① 1.9 ② 3.5

15 ① 1.78 ② 3.69

16 ① 2.45 ② 4.21

17 ① 0.57 ② 0.93

18 ① 0.48 ② 0.69

19 ① 0.25 ② 0.65

20 ① 0.35 ② 0.85

21 ① 2.55 ② 5.35

22 ① 3.94 ② 7.24

23 ① 5.03 ② 8.02

24 ① 4.08 ② 6.03

25 ① 4.05 ② 10.05

26 ① 2.05 ② 5.05

27 ① 3.2 ② 4.2

28 ① 2.2 ② 3.6

089쪽

㉙ 3.6, 1.35

㉚ 3.9, 3.12

㉛ 2.87, 14.06

㉜ 3.34, 5.08

㉝ 4.61, 7.06

㉞ 1.4, 0.35

㉟ 1.2, 0.24

㊱ 2.4, 0.6

㊲ 6.5, 3.25

㊳ 64.8÷4=16.2

㊴ 31.92÷7=4.56

090쪽

㊵ 10.52, 4, 2.63 / 2.63

㊶ 1.36, 8, 0.17 / 0.17

㊷ 5.3, 5, 1.06 / 1.06

㊸ 4, 25, 0.16 / 0.16

093쪽 21회 비로 나타내기

093쪽

① 4, 2

② 5, 6

③ 8, 4

④ 5, 6 / 5, 6

⑤ 8, 3 / 8, 3

⑥ 10, 15 / 15, 10

⑦ 16, 11 / 11, 16

094쪽

⑧ 1, 2

⑨ 3, 4

⑩ 2, 5

⑪ 3, 6

⑫ 4, 9

⑬ 5, 12

⑭ ① 4, 5 ② 7, 3

⑮ ① 4, 8 ② 2, 9

⑯ ① 7, 3 ② 4, 8

⑰ ① 9, 8 ② 6, 5

⑱ ① 11, 14 ② 4, 13

⑲ ① 15, 26 ② 18, 13

⑳ ① 40, 27 ② 21, 30

095쪽

㉑ 2, 5 / 7, 2

㉒ 6, 9 / 3, 9

㉓ 9, 14

㉔ 15, 11

㉕ 예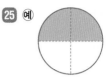

㉖ 예

㉗ 예

㉘ 5, 4, 5 / 5, 9

096쪽

㉙ 지후

㉚ 도현

㉛ 은서

㉜ 도현

097쪽 22회 비율을 분수로 나타내기

097쪽

① 3, 7

② 6, 3

③ 7, 5

④ 9, 2

⑤ 13, 15

⑥ 1, 4, $\frac{1}{4}$

⑦ 3, 5, $\frac{3}{5}$

⑧ 4, 7, $\frac{4}{7}$

⑨ 6, 11, $\frac{6}{11}$

⑩ 9, 4, $\frac{9}{4}\left(=2\frac{1}{4}\right)$

⑪ 10, 7, $\frac{10}{7}\left(=1\frac{3}{7}\right)$

⑫ 14, 9, $\frac{14}{9}\left(=1\frac{5}{9}\right)$

098쪽

13 ① $\dfrac{2}{5}$ ② $\dfrac{2}{7}$

14 ① $\dfrac{4}{3}\left(=1\dfrac{1}{3}\right)$ ② $\dfrac{4}{5}$

15 ① $\dfrac{5}{6}$ ② $\dfrac{5}{9}$

16 ① $\dfrac{9}{5}\left(=1\dfrac{4}{5}\right)$ ② $\dfrac{9}{11}$

17 ① $\dfrac{10}{3}\left(=3\dfrac{1}{3}\right)$ ② $\dfrac{10}{13}$

18 ① $\dfrac{12}{5}\left(=2\dfrac{2}{5}\right)$ ② $\dfrac{12}{13}$

19 ① $\dfrac{18}{11}\left(=1\dfrac{7}{11}\right)$ ② $\dfrac{18}{19}$

20 ① $\dfrac{3}{5}$ ② $\dfrac{3}{8}$

21 ① $\dfrac{4}{5}$ ② $\dfrac{12}{5}\left(=2\dfrac{2}{5}\right)$

22 ① $\dfrac{6}{7}$ ② $\dfrac{6}{13}$

23 ① $\dfrac{5}{8}$ ② $\dfrac{11}{8}\left(=1\dfrac{3}{8}\right)$

24 ① $\dfrac{9}{7}\left(=1\dfrac{2}{7}\right)$ ② $\dfrac{9}{10}$

25 ① $\dfrac{11}{12}$ ② $\dfrac{17}{12}\left(=1\dfrac{5}{12}\right)$

26 ① $\dfrac{19}{12}\left(=1\dfrac{7}{12}\right)$ ② $\dfrac{19}{20}$

099쪽

27 $7:6,\ \dfrac{7}{6}\left(=1\dfrac{1}{6}\right)$

28 $8:11,\ \dfrac{8}{11}$

29 $9:14,\ \dfrac{9}{14}$

30 $\dfrac{7}{10}$

31 $\dfrac{5}{8}$

32 $\dfrac{4}{9}$

33 $\dfrac{5}{4}\left(=1\dfrac{1}{4}\right)$

34 $\dfrac{3}{7}$

35 $\dfrac{11}{15}$

36 $17,\ 20\ /\ \dfrac{17}{20}$

100쪽

37 $9,\ 31,\ \dfrac{9}{31}$

38 $12,\ 23,\ \dfrac{12}{23}$

39 $9,\ 40,\ \dfrac{9}{40}$

40 $7,\ 40,\ \dfrac{7}{40}$

41 $12,\ 31,\ \dfrac{12}{31}$

42 $7,\ 23,\ \dfrac{7}{23}$

101쪽 23회 비율을 소수로 나타내기

101쪽

1 1, 5, 0.5

2 4, 8, 0.8

3 7, 35, 0.35

4 12, 1500, 1.5

5 7, 14, 1.4

6 3, 75, 0.75

7 12, 48, 0.48

8 7, 875, 0.875

102쪽

9 ① 0.25 ② 0.1

10 ① 0.625 ② 0.5

11 ① 0.7 ② 0.35

12 ① 1.5 ② 0.6

13 ① 1.25 ② 0.5

14 ① 2.4 ② 0.8

15 ① 1.5 ② 0.6

16 ① 0.4 ② 0.25

17 ① 0.75 ② 1.5

18 ① 0.625 ② 0.5

19 ① 0.5 ② 1.375

20 ① 2.25 ② 0.75

21 ① 0.9 ② 1.2

22 ① 2.8 ② 0.875

103쪽

㉓ 5 : 4, 1.25

㉔ 8 : 10, 0.8

㉕ 17 : 10, 1.7

㉖ 0.4

㉗ 0.75

㉘ 0.5

㉙ 10에 대한 5의 비

㉚ 2에 대한 3의 비

㉛ 9와 5의 비

㉜ 9와 10의 비

㉝ 25에 대한 3의 비

㉞ 3, 5, 3, 5, 0.6 / 0.6

104쪽

㉟ 15, 20, 0.75

㊱ 5, 25, 0.2

㊲ 28, 35, 0.8

㊳ 27, 18, 1.5

㊴ 12, 24, 0.5

㊵ 32, 20, 1.6

105쪽 24회 비율이 사용되는 경우 알아보기

105쪽

① 250, 50

② $\frac{360}{6}$, 60

③ $\frac{490}{7}$, 70

④ $\frac{600}{8}$, 75

⑤ 420, 140

⑥ $\frac{750}{5}$, 150

⑦ $\frac{1260}{6}$, 210

⑧ $\frac{1870}{11}$, 170

106쪽

⑨ 70, 28

⑩ 90, 45

⑪ 75, 50

⑫ 76, 38

⑬ 75, 50

⑭ 140, 80

⑮ 500, 600

⑯ 900, 1300

⑰ 800, 1100

⑱ 540, 600

⑲ 400, 600

⑳ 800, 1000

107쪽

㉑ 24

㉒ 78

㉓ 81

㉔ 300

㉕ 500

㉖ 420

㉗ (○) ( )

㉘ ( ) (○)

㉙ ( ) (○)

㉚ $\frac{320}{4}$, 80 / 80

108쪽

㉛ 16, 20 / 타조

㉜ 15, 11 / 사슴

㉝ 700, 750 / 기린

㉞ 55, 70 / 말

109쪽 25회 비율을 백분율로 나타내기

109쪽

① 29, 29

② 47, 47

③ 64, 64

④ 75, 75

⑤ 25, 25

⑥ 70, 70

⑦ 32, 32

⑧ 66, 66

⑨ 28, 28

⑩ 59, 59

⑪ 94, 94

110쪽

⑫ ① 75 % ② 125 %

⑬ ① 20 % ② 140 %

⑭ ① 30 % ② 110 %

⑮ ① 35 % ② 115 %

⑯ ① 16 % ② 128 %

⑰ ① 1 % ② 101 %

⑱ ① 6 % ② 106 %

⑲ ① 40 % ② 120 %

⑳ ① 71 % ② 174 %

㉑ ① 90 % ② 235 %

㉒ ① 82 % ② 386 %

111쪽

23

24

25 1.75, 175

26 0.58, 58

27 0.67, 67

28 ① 25 % ② 75 %

29 ① 40 % ② 70 %

30 ① 35 % ② 80 %

31 $\dfrac{120}{200}$, 100, 60 / 60

112쪽

32 10 / 10, 25, 25

33 6 / $\dfrac{6}{40}$, 15, 15

34 2 / $\dfrac{2}{40}$, 5, 5

35 10 / $\dfrac{10}{40}$, 25, 25

36 4 / $\dfrac{4}{40}$, 10, 10

37 8 / $\dfrac{8}{40}$, 20, 20

113쪽 26회 백분율을 비율로 나타내기

113쪽

1 12, $\dfrac{3}{25}$

2 30, $\dfrac{3}{10}$

3 44, $\dfrac{11}{25}$

4 50, $\dfrac{1}{2}$

5 65, $\dfrac{13}{20}$

6 80, $\dfrac{4}{5}$

7 0.07

8 0.18

9 0.31

10 0.45

11 0.63

12 0.72

13 0.84

114쪽

14 $\dfrac{1}{100}$, 0.01

15 $\dfrac{3}{50}$, 0.06

16 $\dfrac{3}{20}$, 0.15

17 $\dfrac{1}{5}$, 0.2

18 $\dfrac{12}{25}$, 0.48

19 $\dfrac{73}{100}$, 0.73

20 $\dfrac{51}{50}\left(=1\dfrac{1}{50}\right)$, 1.02

21 $\dfrac{139}{100}\left(=1\dfrac{39}{100}\right)$, 1.39

22 $\dfrac{17}{10}\left(=1\dfrac{7}{10}\right)$, 1.7

23 $\dfrac{41}{20}\left(=2\dfrac{1}{20}\right)$, 2.05

24 $\dfrac{12}{5}\left(=2\dfrac{2}{5}\right)$, 2.4

25 $\dfrac{29}{10}\left(=2\dfrac{9}{10}\right)$, 2.9

115쪽

26 $\dfrac{1}{50}$, 0.02

27 0.25, $\dfrac{1}{4}$

28 $\dfrac{3}{2}$, 1.5

29 2 / 예

30 4 / 예

31 12 / 예

32 >

33 <

34 >

35 =

36 <

37 9, 100, $\dfrac{9}{100}$ /

9, 100, 0.09 /

$\dfrac{9}{100}$, 0.09

116쪽

38 2 / (○)( )

39 7 / ( )(○)

40 1 / ( )(○)

41 17 / (○)( )

117쪽

1 100, 10, 10

2 300, 20, 20

3 600, 25, 25

4 1400, 40, 40

5 20, 5, 5

6 75, 15, 15

7 250, 25, 25

8 360, 30, 30

118쪽

9 20, 12.5

10 50, 25

11 40, 25

12 37.5, 30

13 60, 40

14 30, 25

15 10, 15

16 8, 12

17 20, 35

18 5, 12.5

19 8, 20

20 10, 15

119쪽

21 20

22 10

23 15

24 5

25 20

26 25

27 (○)( )

28 (○)( )

29 ( )(○)

30 $\dfrac{12}{300}$, 100, 4 / 4

120쪽

31 20, 20

32 $\dfrac{600}{2400}$, 100, 25, 25

33 $\dfrac{2700}{9000}$, 100, 30, 30

34 $\dfrac{3200}{8000}$, 100, 40, 40

121쪽

1 ① 6, 5 ② 3, 16

2 ① 8, 19 ② 7, 3

3 ① 10, 24 ② 4, 9

4 ① 14, 13 ② 20, 2

5 ① 3, 11 ② 5, 12

6 ① 20, 30 ② 6, 17

7 ① 9, 25 ② 21, 14

8 $\dfrac{7}{5}\left(=1\dfrac{2}{5}\right)$, 1.4

9 $\dfrac{9}{10}$, 0.9

10 $\dfrac{12}{5}\left(=2\dfrac{2}{5}\right)$, 2.4

11 $\dfrac{13}{20}$, 0.65

12 $\dfrac{1}{10}$, 0.1

13 $\dfrac{1}{4}$, 0.25

122쪽

14 ① 10 % ② 110 %

15 ① 8 % ② 180 %

16 ① 52 % ② 112 %

17 ① 23 % ② 123 %

18 ① 62 % ② 146 %

19 ① 50 % ② 350 %

20 $\dfrac{7}{100}$, 0.07

21 $\dfrac{8}{25}$, 0.32

22 $\dfrac{7}{10}$, 0.7

23 $\dfrac{6}{5}\left(=1\dfrac{1}{5}\right)$, 1.2

24 $\dfrac{5}{2}\left(=2\dfrac{1}{2}\right)$, 2.5

25 $\dfrac{15}{4}\left(=3\dfrac{3}{4}\right)$, 3.75

123쪽

26 2 대 10

27 5에 대한 4의 비

28 6에 대한 15의 비

29 20의 25에 대한 비

30 12의 24에 대한 비

31 ( ) (○)

32 (○) ( )

33 ( ) (○)

34 2 / 예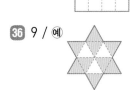

35 12 / 예

36 9 / 예

37 (○) ( )

38 ( ) (○)

39 (○) ( )

124쪽

40 4, 3, 4 / 4, 7

41 6, 8, 6, 8, 0.75 / 0.75

42 $\frac{100}{250}$, 100, 40 / 40

43 $\frac{6000}{30000}$, 100, 20 / 20

127쪽 29회 그림그래프

127쪽

1 ① 4, 5 ② 7, 1 ③ 6, 4

2 ① 2, 3 ② 1, 6 ③ 3, 4

3 ① A형 ② AB형

4 ① 라 ② 나

128쪽

5 240, 320

6 1800, 2500

7 36, 42

8

마을	생산량
별빛	
초록	
사랑	

🍎 100 kg
🍎 10 kg

9

지역	병원 수
가	
나	
다	

➕ 500개
⊞ 100개

10

도서관	책 수
자연	
구름	
매화	

🔳 10만 권
🔲 1만 권

129쪽

11 830

12 9500

13 68

14 1500

15 32000, 16000, 16000 / 16000

130쪽

16

17

131쪽 30회 띠그래프

131쪽

1 ① 20 ② 65

2 ① 20 ② 50

3 30, 20 /

		0 10 20 30 40 50 60 70 80 90 100 (%)
빨간색 (50 %)	흰색 (30 %)	파란색 (20 %)

4 40, 25, 100 /

		0 10 20 30 40 50 60 70 80 90 100 (%)
시금치 (40 %)	호박 (25 %)	당근 (35 %)

132쪽

5 ① 20, 15, 20, 15, 30
② 30, 20, 15 ③ 고기

6 ① 15, 25, 15, 25, 40
② 40, 20, 15 ③ 도보

7 ① 40 ② 2

8 ① 30 ② 2

9 ① 15 ② 3

133쪽

10 12, 9, 6, 3

11 18, 10, 8, 4

12 50, 60, 60, 30

13 보리, 고추

14 피아노, 플루트

15 200, 0.25$\left(또는 \dfrac{25}{100}\right)$, 50 / 50

134쪽

16 11 / 표

17 22 / 띠그래프

18 38 / 띠그래프

19 50 / 표

20 국화 / 띠그래프

21 6 / 표

135쪽 31회 원그래프

135쪽

1 ① 10 ② 얼음

2 ① 15 ② 쌀

3 35, 25 /

4 50, 30 /

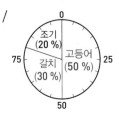

136쪽

5 ① 40, 25, 40, 25, 15
② 55

6 ① 45, 15, 45, 15, 10
② 25

7 ① 30 ② 연예인 ③ 2

8 ① 15 ② 망고 ③ 3

137쪽

9 20, 15, 10, 5

10 28, 24, 20, 8

11 60, 90, 30, 20

12 검색, 게임

13 닭, 오리

14 400, 0.05$\left(또는 \dfrac{5}{100}\right)$, 20 / 20

138쪽

15

16

139쪽 32회 5단원 테스트

139쪽

1 430, 260

2 14, 11

3 13, 45

4 ① 30, 10, 30, 10, 20
② 30, 20, 10 ③ 동화책

5 ① 30, 10, 30, 10, 45
② 75

140쪽

6 ① 15 ② 3

7 ① 20 ② 2

8 ① 10 ② 4

9 ① 40 ② 아라네 ③ 2

10 ① 60 ② 게 ③ 4

141쪽

11 12, 8, 14, 6

12 15, 24, 12, 9

13 90, 45, 75, 90

14 20, 12, 28, 20

15 60, 45, 30, 15

16 40, 100, 80, 180

142쪽

17 43, 15, 28 / 28

18 30, 20, 25, 25 / 25

19 200, 0.15$\left(\text{또는 } \frac{15}{100}\right)$, 30 / 30

20 30, 0.2$\left(\text{또는 } \frac{20}{100}\right)$, 6 / 6

145쪽 33회 부피 단위, 부피 단위의 관계

145쪽

1 6, 6

2 9, 9

3 12, 12

4 3 m³, 3000000 cm³

5 8 m³, 8000000 cm³

6 12 m³, 12000000 cm³

7 25000000 cm³, 25 m³

8 40 m³, 40000000 cm³

9 72 m³, 72000000 cm³

10 100 m³, 100000000 cm³

146쪽

11 2000000

12 10000000

13 28000000

14 37000000

15 51000000

16 120000000

17 207000000

18 800000

19 1400000

20 3500000

21 7

22 15

23 34

24 60

25 79

26 105

27 180

28 0.4

29 2.6

30 4.3

147쪽

31 (선 연결)

32 (선 연결)

33 ○, ×, ×

34 ×, ○, ○

35 ○, ×, ○

36 <

37 =

38 >

39 >

40 <

41 <

42 820000 / 820000

148쪽

43 1000 cm³

44 0.3 m³

45 2000000 cm³

46 50000 cm³

47 1 m³

48 0.25 m³

149쪽 34회 직육면체의 부피

149쪽

1 5, 2, 40 / 40

2 6, 3, 54 / 54

3 4, 4, 112 / 112

4 8, 4, 160

5 11, 7, 231

6 8, 4, 320

150쪽

7 48

8 210

9 560

10 780

11 990

12 24

13 120

14 300

15 40

16 126

151쪽

17 120 cm³

18 468 cm³

19 224 cm³

20 450 cm³

21 (○)( )

22 ( )(○)

23 (○)( )

24 15, 20, 6, 1800 / 1800

152쪽

25 (○)( ) / 1512

26 ( )(○) / 3300

27 ( )(○) / 3360

28 (○)( ) / 7480

153쪽 35회 정육면체의 부피

153쪽

1 2, 2, 2, 8 / 8

2 4, 4, 4, 64 / 64

3 5, 5, 5, 125 / 125

4 6, 6, 6, 216

5 7, 7, 7, 343

6 9, 9, 9, 729

154쪽

7 64

8 512

9 1000

10 2197

11 4096

12 27

13 1331

14 3375

15 5832

16 8000

155쪽

17 216 cm³

18 729 cm³

19 1728 cm³

20 2744 cm³

21 ( )(○)

22 ( )(○)

23 (○)( )

24 216, 64, 152 / 152

156쪽

25 512

26 216

27 27

28 125

29 64

30 729

157쪽 36회 직육면체의 겉넓이

157쪽

1 15, 30, 126

2 10, 14, 118

3 30, 24, 20, 148

4 28, 20, 35, 166

158쪽

5 40

6 108

7 110

8 222

9 236

10 76

11 94

12 162

13 208

14 228

159쪽

15 158 cm²

16 248 cm²

17 76 m²

18 162 m²

19 332 m²

20 82 m²

21 148 m²

22 180 m²

23 600, 300, 200, 2200 / 2200

160쪽

24 166

25 248

26 314

27 276

161쪽 37회 정육면체의 겉넓이

161쪽

1 16, 96

2 25, 150

3 49, 294

4 6, 6, 216

5 8, 8, 384

6 9, 9, 486

162쪽

7 150

8 294

9 864

10 1734

11 2400

12 96

13 600

14 1350

15 1944

16 3750

163쪽

17 1014 cm²

18 1536 cm²

19 216 m²

20 486 m²

21 1176 m²

22 <

23 >

24 <

25 24, 24, 3456 / 3456

164쪽

26 96, 150 / 150, 96, 나

27 864, 600 / 864, 600, 가

28 294, 216 / 294, 216, 가

29 1014, 1350 / 1350, 1014, 나

165쪽 38회 6단원 테스트

165쪽

1 7000000

2 30000000

3 62000000

4 2900000

5 4500000

6 12

7 50

8 84

9 0.3

10 9.7

11 36

12 280

13 630

14 4913

15 27000

166쪽

16 48

17 158

18 188

19 144

20 314

21 486

22 1176

23 3174

24 294

25 1944

167쪽

26 >

27 <

28 <

29 >

30 (○)( )

31 ( )(○)

32 (○)( )

33 166 cm²

34 280 cm²

35 <

36 <

37 >

168쪽

38 8, 12, 5, 480 / 480

39 7, 7, 7, 343 / 343

40 110, 60, 66, 472 / 472

41 16, 16, 1536 / 1536

독해의 핵심은 비문학

지문 분석으로 독해를 깊이 있게!

비문학 독해 | 1~6단계

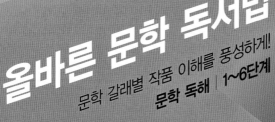

올바른 문학 독서법

문학 갈래별 작품 이해를 풍성하게!

문학 독해 | 1~6단계

결국은 어휘력

비문학 독해로 어휘 이해부터 어휘 확장까지!

어휘 X 독해 | 1~6단계

초등 문해력의 빠른시작 빠작

동아출판

큐브 _{수학}
연산

정답 6·1